Histoire naturelle du geste

Historiques

Collection dirigée par Vincent Laniol
avec Bruno Péquignot et Denis Rolland

La collection « Historiques » a pour vocation de présenter les recherches les plus récentes en sciences historiques. La collection est ouverte à la diversité des thèmes d'étude et des périodes historiques.

Elle comprend trois séries : la première s'intitulant « travaux » est ouverte aux études respectant une démarche scientifique (l'accent est particulièrement mis sur la recherche universitaire) tandis que la deuxième intitulée « sources » a pour objectif d'éditer des témoignages de contemporains relatifs à des événements d'ampleur historique ou de publier tout texte dont la diffusion enrichira le corpus documentaire de l'historien ; enfin, la troisième, « essais », accueille des textes ayant une forte dimension historique sans pour autant relever d'une démarche académique.

Série Travaux
Dernières parutions

Jacques FARINOTTE, *Petite histoire d'une grande forêt. Tronçais en Bourbonnais*, 2023.
Gilles DESPOISSE, *L'étoile des Bélières, Une famille dans le cycle des siècles*, 2023.
Franck FABRY, *La société russe dans l'Europe du XVIIIème siècle, tome II*, 2023.
Franck FABRY, *L'Etat russe dans l'Europe du XVIIIème siècle, tome I*, 2023.
François SARINDAR-FONTAINE, *Charles V le Sage ou les limites d'un grand règne*, 2023.
Claude-Youenn ROUSSEL, *Des capitaines protestants et Louis XIV. Des Antilles au golfe de Gascogne*, 2023.
Pierre-Henri ZAIDMAN, *Le combat de Châteaudun, 18 octobre 1870,* 2023.

Jean-Pierre Gasc

Histoire naturelle du geste

L'Harmattan

Du même auteur

La prodigieuse aventure de notre corps. Les cinq cents millions d'années qui ont fait l'homme, 1981, Hachette littérature. ISBN : 201.005316.8.

Histoire naturelle de la tête. Leçon d'anatomie comparée, 2004, Vuibert. ISBN : 2 71175365.4.

5-7, rue de l'Ecole-Polytechnique, 75005 Paris

http://www.editions-harmattan.fr

ISBN : 978-2-14-034389-6
EAN : 9782140343896

Sommaire

Avant-propos

Pour amorcer ce texte, je ne manquerai pas l'occasion d'évoquer ce qu'on peut nommer « ballet météorologique ». Il s'agit de la présentation à la télévision des prévisions faites sur le temps par des dames ou des messieurs. Je parle de ballet, car ces personnes effectuent à elles seules un spectacle, face aux spectateurs virtuels, elles esquissent des pas qui les rapprochent ou les éloignent d'une carte elle aussi virtuelle dont elles paraissent effleurer les parties par le mouvement combiné de l'ensemble du corps et des bras, accompagné par la récitation du commentaire. Dans ce spectacle se trouve condensée toute une définition du geste et même s'il n'en délivre pas toutes les catégories, il peut servir de modèle pour en dévoiler le substrat autant matériel que philosophique. Il s'agit donc d'une personne faisant face à d'autres et utilisant la cinétique de son corps pour délivrer sous forme de signes une suite d'informations. La série des gestes constitue un ensemble émis de manière coordonnée dans un contexte social. Cette définition pourra nous servir pour dresser les différentes formes et circonstances sous lesquelles s'accomplit cet exercice. Le geste est donc un des moyens de communication utilisés par un être vivant. Il est une des catégories de signes permettant d'envoyer un message à un autre être dans le cadre des comportements habituels de l'espèce. Les supports de ces messages sont variés, faisant appel aux divers sens de l'organisme récepteur, support visuel, sonore, chimique ou même électrique. Les oiseaux par exemple offrent une riche panoplie de mouvements de la tête, des ailes, souvent dérivés de leur fonction première, pour attirer l'attention d'un individu de la même espèce ou d'une autre espèce. La plupart des mammifères présentent des moyens analogues de communication par des mouvements corporels, jusqu'à l'épouillage mutuel. Ces interactions ont lieu dans des contextes précis, sexuel ou conflictuel, et sont souvent soulignées par l'existence d'attributs particuliers, taches colorées ou forme insolite de parties de l'organisme (Eibl-Ebesbeldt, 1975). Toutefois, le geste humain montre des spécificités, car il se concentre dans les mouvements du membre antérieur et surtout possède une capacité exceptionnelle dans la production de signes. De ce fait, le geste a tenu une place importante dans le processus de l'évolution humaine et Darwin, s'y intéresse (1872) lorsqu'il cherche à comprendre les sources des actes qui permettent l'expression des émotions chez l'être humain et les animaux.

Mais il convient d'établir les conditions matérielles, organiques, qui assurent l'accomplissement de ce geste. Il s'agit d'analyser les caractéristiques immédiatement perceptibles du geste. Supprimons de la scène météorologique tout ce qui la justifie c'est-à-dire le discours qui accompagne l'image. Il nous reste une suite de mouvements effectués par un être composé de segments articulés, en équilibre sur ses appuis inférieurs reposant sur le sol. Ceci nous rappelle que si le geste relève du domaine de la cinétique, il est assuré dans le champ de la gravité terrestre par les exigences de la statique. Giovanni Borelli l'avait explicité dès 1680 dans son *De Motu Animalium* (Figure 1). Tout est question d'une bonne répartition dans l'espace des masses composant le corps, et quelques décennies plus tard Newton donnera une formulation dynamique au maintien de l'équilibre de cet ensemble de masses en mouvement qui interagissent par rapport à un centre instantané.

A cette fin du 17e siècle, on était alors aux débuts de la mécanique, donc de la fabrication d'un grand nombre d'artefacts mécaniques, et il était évident que la compréhension des mouvements des êtres vivants devait se soutenir par l'application des règles de cette nouvelle science descendue des astres avec Galilée. La notion d'animal-machine conduisait à la biomécanique. Mais considérer les parties de l'organisme comme les pièces d'un mécanisme ne nous apprend rien sur l'origine de ces

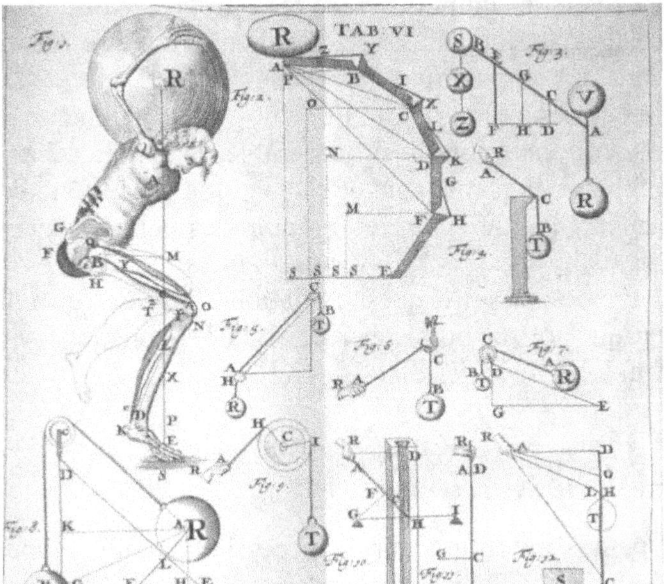

Figure 1

En 1680, Borelli applique les principes de la statique au corps : les os sont des leviers, les muscles des forces. Les actions et les positions résultent d'équilibre entre moments de forces.

structures, sur leur organisation en un tout cohérent et néanmoins différent d'un animal à l'autre. Il nous faut une histoire de ces structures. De plus, tous les organismes sont plongés dans un champ de forces qui exercent chacune leur contrainte propre. La lecture de l'organisation doit tenir compte de ces forces ambiantes et de l'énergie qu'elles mobilisent, mais aussi du cadre plus général de l'espace et du temps, avec leurs échelles respectives. La force de gravité, une accélération qui est dirigée vers le centre du globe terrestre, cas particulier des forces gravitationnelles, a été la première à être identifiée en tant que contrainte dans l'histoire de la vie et de ses architectures. Du point de vue de l'ingénieur, une architecture se réduit à un ensemble de forces échangées entre des éléments matériels et l'accélération de la pesanteur. Par la suite, les progrès des connaissances du monde physique ont dévoilé d'autres contraintes. Les ondes électromagnétiques, radiations, lumière ou champ électrique jouent aussi un rôle dans les fonctions vitales dont fait partie le geste.

Généalogie des acteurs

On peut s'interroger sur la nécessité de faire appel au développement des embryons ou à de lointains fossiles dans un ouvrage traitant du geste. Cette manière de brutaliser quelque peu le lecteur est revendiquée, car la compréhension de tout phénomène dans sa totalité nécessite de surmonter les barrières disciplinaires. Il s'agit de suivre un chemin sans avoir peur de la largeur de l'horizon. Notre organisme agit dans le cadre d'un espace-temps bien défini, contraint à la fois par des forces physiques et le plan d'une organisation sur lequel est intervenu l'évolution. C'est pourquoi, avant de rechercher une typologie des gestes et leur implication dans les rapports qu'entretiennent les êtres entre eux, notre programme sera d'identifier les éléments de la structure participant aux mouvements qui les caractérisent, d'en retracer la généalogie, puis d'analyser les conditions de l'entrée en mouvement dans le champ terrestre et enfin d'identifier les patrons du contrôle qui assure une efficacité biologique au mouvement considéré. Nous convoquerons donc plusieurs disciplines, anatomie comparée, biologie du développement, paléontologie, neurophysiologie.

Quand on dit *geste* chacun pense immédiatement à la main. Pourtant, cet organe n'est que l'élément terminal de toute une chaîne, de toute une architecture qui a cinq cents millions d'années derrière elle (Gasc, 1981). Un détour par l'histoire de l'organisme est donc nécessaire, histoire à deux échelles temporelles, celle du développement individuel et celle de la diversification au cours de l'évolution à l'échelle du temps géologique. Il convient donc de considérer la main en tant que dernier segment de l'appendice antérieur du corps, en conformité avec un plan qui est général dans le groupe d'animaux auquel appartient l'espèce humaine, à savoir les Vertébrés qui possèdent deux paires d'appendices. Si les présentateurs virevoltent devant la carte des perturbations atmosphériques, on peut remarquer que leurs mouvements sont organisés par des alternances entre deux parties du corps qui sont symétriques. D'un pied à l'autre, d'une main à l'autre, de part et d'autre d'un lieu médian, d'un plan de symétrie.

Cette disposition de symétrie bilatérale, avec un côté gauche et un côté droit paraît parmi les êtres vivants qui sont composés de cellules différenciées, les Métazoaires. Ils sont désignés sous le terme de Bilatériens. Compte tenu de la similitude des agents génétiques responsables de cette construction symétrique, on peut admettre que tous les Bilatériens ont une lointaine origine commune. On peut continuer l'investigation en élargissant le champ : les Vertébrés s'inscrivent dans un ensemble de Métazoaires dont l'architecture comprend un axe s'étendant le long de l'organisme, la corde dorsale ou notocorde. Il s'agit d'une sorte de baguette formée par un tissu souple ; elle est présente de façon permanente au stade adulte chez l'Amphioxus, un petit habitant du sable des plages, considéré au sein des « Chordés » comme le frère de tous les Vertébrés. (Figure2) Chez ces derniers, la corde (ou chorde) disparait au cours du développement une fois joué son rôle d'échafaudage et de stimulateur dans la construction de la colonne vertébrale et de patron de toute la structure corporelle. C'est au-dessus de la corde que s'étend le champ dorsal des cellules qui recouvrent l'embryon (épiblaste). Leur multiplication et le mouvement qui en résulte forment un sillon, puis un tube qui est à l'origine du système nerveux. Cette orientation fondamentale de l'embryon entre un dos et un ventre, un système nerveux étendu au-dessus du tube digestif, est sous la dépendance de protéines produites par l'activation d'un gène déjà présent dans la cellule œuf, c'est-à-dire issu des cellules sexuelles des femelles. Dès le début de la vie embryonnaire, ces protéines vont déclencher une cascade d'activations et d'inhibitions au sein de chaque cellule, de transfert à partir du cytoplasme vers le noyau contenant le matériel génétique. Un gradient de concentration des protéines actives aboutit à l'expression dans les cellules de leur destinée dorsale ou ventrale. Les Vertébrés se caractérisent par la position du système nerveux au-dessus du tube digestif (épineuriens), la corde s'étendant entre les deux systèmes. La disposition est inverse chez les Arthropodes, Insectes, Crustacés et Araignées, Scorpions et autres Cloportes, leur système nerveux s'étendant au-dessous du tube digestif (hyponeuriens) (Gasc, 2020). Or, l'étude des mécanismes moléculaires du développement a d'abord été appliquée sur le modèle expérimental classique de la mouche du vinaigre, la drosophile, et plus tard s'est étendue aux Vertébrés, le poisson zèbre et le xénope, une sorte de grenouille aquatique. Quand on a pu comparer les résultats concernant les gènes impliqués dans la caractérisation des secteurs dorsaux et ventraux du mésoderme du futur organisme, on a eu la surprise de constater que ceux qui sont responsables de la formation des structures ventrales chez les Insectes (sog et dpp) sont homologues de ceux qui sont responsables de la formation des structures dorsales chez les Vertébrés (BMP4 et chordin) (Le Douarin, 2000). Ceci confirme une intuition d'Etienne Geoffroy Saint-Hilaire avancée en 1830 sans pouvoir en démontrer la vérité (Le Guyader, 1998). Voici la démonstration que la machinerie génétique sur laquelle repose la construction des organismes, et aussi ses modifications au cours du temps, est composée d'éléments interchangeables, définition même du bricolage cher à François Jacob (1970, 1981). Une autre intuition de la période romantique s'est trouvée confirmée. En 1835, Carl Gustav Carus, médecin et peintre, écrivait : « Rien, sans contredit, n'offre plus d'intérêt à celui qui approfondit la morphologie des différentes organisations, que de voir les métamorphoses les plus considérables résulter ici d'une simple transposition de certains éléments, qui, du reste, demeurent toujours les mêmes. Comme les mêmes lettres, diversement combinées, donnent des mots différents, ainsi les mêmes éléments, diversement arrangés, produisent des organisations autres. » C'est le poète Goethe qui dans le courant de la *Naturphilosophie* avait proposé une conception modulaire des organismes, à l'origine de ce qu'il nommait *métamorphoses*. La *répétition des parties* (Schmitt, 2004) a été bien documentée par les naturalistes et a conduit au concept de *métamère*, une unité à la fois formelle et fonctionnelle qui se répète de l'avant vers l'arrière le long de l'axe de symétrie bilatérale chez de nombreux Métazoaires. Cette modularité, qui a sa source dans l'expression de gènes dits *homéotiques*, a ouvert toute une possibilité de combinaisons offertes à la sélection naturelle, c'est-à-dire à des exigences adaptatives soulevées par les conditions du milieu. La découverte des gènes homéotiques a bouleversé notre conception de la morphogénèse en révélant une solution au casse-tête qui préoccupait les généticiens confrontés à l'idée d'une combinatoire improbable entre gènes indépendants pour aboutir à la construction des organes dans toute leur complexité. En effet, à la fin du 19e siècle William Bateson découvrit chez la drosophile des individus dont les appendices, antennes, pattes et ailes, ne se trouvaient pas à leur place. En particulier certaines mouches possèdent deux paires d'ailes au lieu d'une seule, le fameux mutant *bithorax*. Il a nommé homéose ou variation homéotique ce type de morphologie. Mais c'est seulement à partir des années 1950 qu'Edward B. Lewis découvrit peu à peu la batterie des gènes responsables chez la drosophile de la mise en place des compartiments segmentaires de l'insecte avec la spécialisation correspondant à des appendices. Ces gènes homéotiques se sont montrés généralisés chez les Métazoaires. Chez les Bilatériens, ils sont disposés sur les chromosomes dans la même position que celle des organes dont ils déclenchent la construction le long de l'axe antéro-postérieur (Duboule & Morata, 1991). Ce système homéotique manifeste un principe d'ordre soumis à une régulation par le processus d'activation-répression. Le tout a été soumis d'une part à la variation, par le jeu de duplication du génome et les mutations, d'autre part à la sélection naturelle des dispositifs morpho-fonctionnels correspondants (organes liés à la nutrition, à la locomotion, etc.). Il s'agit donc d'une source de la diversité des formes qui se partagent l'environnement fluctuant au cours de l'histoire planétaire. A cette machinerie responsable de la production de ces modules, est venue s'ajouter celle qui a créé une régionalisation, le long de l'axe corporel, à partir du pôle antérieur qui est affronté aux conditions du milieu, et va constituer des groupes de segments. L'exemple type est représenté par la division, chez les insectes entre tête, thorax et abdomen, chez les vertébrés, tête, tronc et queue. Le tissu du mésoderme est ainsi le matériau au service des gènes architectes (Gasc, 2020). C'est une autre machinerie génétique qui, en profitant en quelque sorte de la symétrie bilatérale, stimule la production d'appendices perpendiculairement à l'axe antéro-postérieur. Les segments sont peu différents les uns des autres chez les mille-pattes (Myriapodes) et les Péripates (Onychophores). En revanche, ils prennent des formes particulières au niveau de régions bien tranchées chez d'autres bilatériens. Par exemple, les ailes dans le thorax des insectes, mais aussi les pattes qui se transforment chez eux en auxiliaires de la bouche au niveau de la tête, et disparaissent à l'abdomen. Les Vertébrés présentent un cas bien particulier. Les modules produits par l'action des gènes homéotiques prennent la forme de concentration de cellules nommées somites. A certains niveaux de la série antéro-postérieure, ils produisent des prolongements regroupant plusieurs somites. Ce mouvement vers l'extérieur déclenche la formation du bourgeon d'un membre, sous le contrôle d'une colonie cellulaire formant une coiffe terminale. Le message initial est localement précis et propre à chaque lignée, mais toujours limité à deux paires (Coates, 1994 ; 2003). Ainsi apparaît d'abord en arrière de la tête et à une distance séparée par un nombre constant de somites, un premier bourgeon du membre antérieur, par exemple à cinq semaines du développement dans l'espèce humaine. Les Agnathes apparus à l'Ordovicien (510 millions d'années) sont pour le moins étranges et montrent les premiers appendices antérieurs. Chez eux, le tissu osseux, propre aux Vertébrés, matériau composite organo-minéral formé par l'association du collagène et d'apatite (phosphate de calcium), est concentré à l'extérieur du corps. Ces êtres étaient enfermés dans une armure, ou plus exactement un bouclier qui recouvre la tête. Rappelons que l'os et le cartilage sont les deux modalités de tissus de soutien formant les éléments qui assurent la rigidité des parties de l'organisme, son squelette. Les plaques osseuses du squelette externe de ces premiers Vertébrés sont constituées par un type d'os qui s'apparente à la dentine qui recouvre nos dents. Ce bouclier présente des orifices correspondant à une paire d'yeux et un orifice nasal. Sur les côtés on observe des plages qui sont sans doute le siège de récepteurs sensoriels. Immédiatement sur les bords postérieurs du bouclier s'articulent les appendices enfermés dans une suite de plaques osseuses formant des palettes, probablement de stabilisateurs. Cependant, on connait des formes sans appendices. En arrière, le corps a la forme d'une queue, organe de propulsion. Ces animaux devaient fouiller la vase, bouche toujours largement ouverte sur une cavité oralo-branchiale. Au cours de l'évolution, le tissu osseux s'internalise et les transformations adaptatives se fondent sur les ensembles musculosquelettiques. Le modèle agnathe initial a disparu.

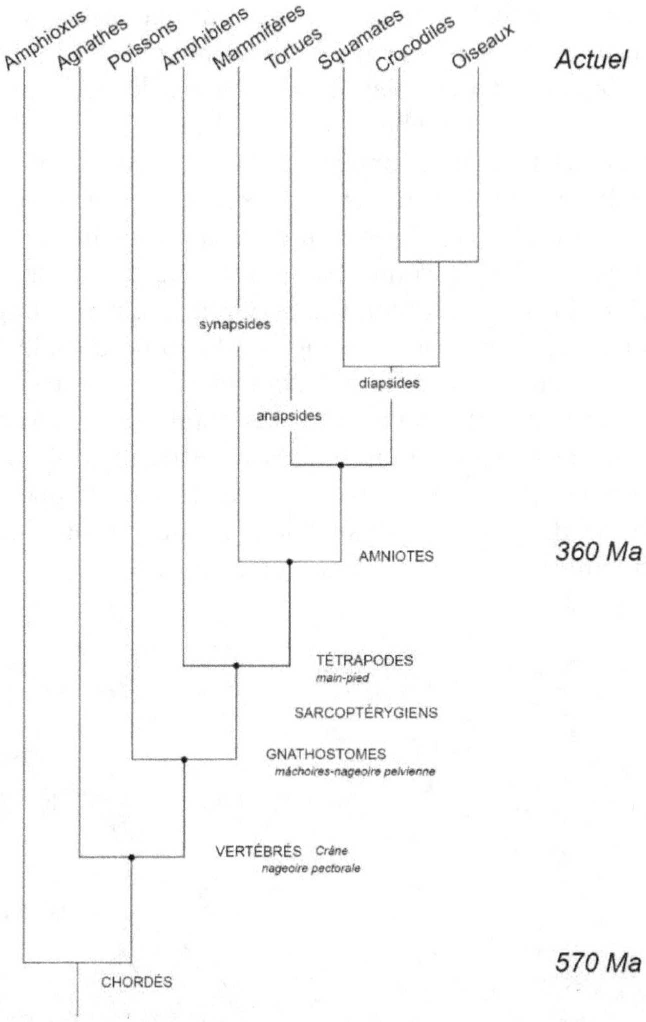

Figure 2

Phylogénie très simplifiée des Chordés. Les principales innovations morphologiques sont en italiques. Les lignées fossiles ne sont pas figurées. Poissons recouvre un immense ensemble composé de lignées ayant eu une évolution indépendante, dont les Chondrichthyens au squelette cartilagineux et les Actinoptérygiens au squelette osseux. Cet ensemble est le groupe-frère des Sarcoptérygiens, qui incluent avec nous, des formes aquatiques comme le Coelacanthe.

Les formes actuelles, lamproies de nos rivières et myxines marines, n'ont plus aucune trace de membres antérieurs. C'est seulement avec l'apparition de mâchoires chez les Vertébrés dits Gnathostomes qu'une seconde paire d'appendices se développent à l'arrière du tronc. Ces appendices sont présents entre l'axe que forment le long de la corde la suite des somites et la paroi du corps de l'embryon. Chaque somite se différencie en groupes de cellules plus ou moins condensés. On peut ainsi distinguer trois massifs depuis le voisinage de la corde dorsale et le tube nerveux jusqu'au revêtement de la peau : le sclérotome qui donnera l'axe vertébral, le myotome à l'origine des masses musculaires et le dermatome où se formera la peau et ses dérivés. Le squelette de l'appendice se forme dans une expansion latérale du mésoderme, le feuillet intermédiaire de l'embryon (Figure 3).

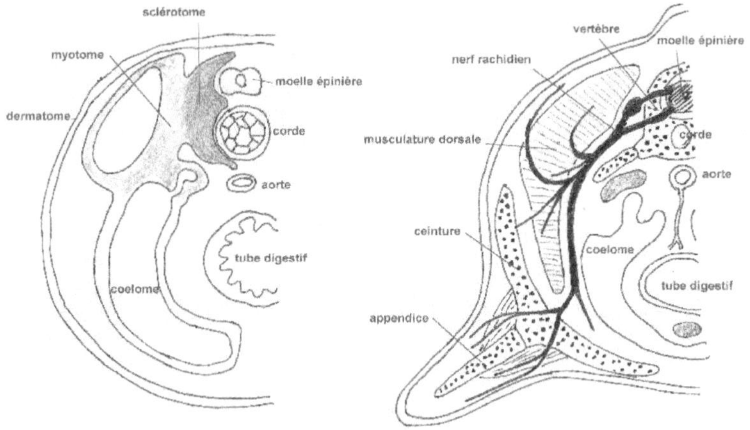

Figure 3

Coupe transversale schématique dans un embryon de Vertébré. De part et d'autre de la corde les blocs somitiques se différencient en ébauche de l'axe vertébral, ébauche des muscles axiaux et tégument. Puis au niveau des appendices la différenciation se poursuit avec la formation du squelette.

Le destin de l'une et l'autre paire est différent et ouvre des capacités évolutives distinctes. Prenons le cas de la paire antérieure directement impliquée dans le geste. Chez les Vertébrés qui se sont diversifiés dans les milieux aquatiques, les océans et les cours d'eau qui ont sculpté les continents émergés, les appendices antérieurs forment les nageoires pectorales. En réalité, elles sont directement associées à l'arrière de la tête. Chez les Poissons à squelette ossifié, quand on en découpe un pour la cuisine, il est aisé de constater que la nageoire pectorale est constituée d'une base arquée sur laquelle se distribuent les rayons de la nageoire proprement dite, et que cette base est reliée à l'arrière du crâne par un os, le post-temporal. Cette relation entre crâne et appendice pectoral est ancienne car on en trouve la marque chez tous les Vertébrés à mâchoires, dont nous faisons partie. Il faut noter que la participation de plusieurs segments ou somites dans la construction de l'appendice antérieur implique la pénétration dans ce territoire d'autant de nerfs émis par l'axe nerveux sous la forme de nerfs rachidiens comportant des éléments moteurs et des éléments sensitifs. Cette richesse d'innervation assure une distribution jusqu'à l'extrémité de l'appendice. Les nerfs rachidiens issus de la moelle épinière sortent entre les vertèbres. Chacun comprend une racine dorsale munie d'un ganglion siège des neurones sensitifs qui relient la périphérie aux centres (centripètes), et d'une racine ventrale par laquelle passent les fibres conductrices (axones) des neurones moteurs situés dans les centres (centrifuges). La série des nerfs qui gagnent l'appendice forme un plexus où certains des composants se mélangent avant de se distribuer aux segments successifs du membre dont la géométrie s'est compliquée avec les adaptations locomotrices, comme on le verra plus loin. Chez l'être humain, on peut voir l'étendue de ces territoires segmentés dans l'innervation de la peau qui en a conservé l'empreinte. Quant aux appendices, ils apparaissent avec les mâchoires si on peut dire (Figure 2). En effet, chez les Vertébrés la seule portion du crâne nettement segmentée est constituée par la série d'arcs portant les branchies, organes respiratoires. C'est le squelette viscéral ou splanchnocrâne d'où sont issues les mâchoires (Gasc, 1967).

Des mâchoires, des nageoires et bientôt des pattes

Or, au Dévonien (250 Ma) apparaissent dans les océans des animaux dont le splanchnocrâne montre en avant une armature encadrant la bouche, ce sont les Gnathostomes, Vertébrés à mâchoires (Benton, 1997). Sous le crâne contenant le cerveau vient se suspendre l'os palato-carré qui s'articule avec la pièce qui représente la mandibule, le cartilage de Meckel, par l'intermédiaire d'un os nommé hyomandibulaire. Ces pièces articulées forment donc une mâchoire, organe capable de saisir et traiter mécaniquement les aliments. En contraste avec la ceinture pectorale, la ceinture pelvienne n'est d'abord qu'une pièce osseuse logée dans la paroi du corps, c'est-à-dire qu'elle n'a pas de relation avec l'axe vertébral. Elle porte une nageoire rayonnée et peut se situer chez certaines espèces très près topographiquement de la nageoire pectorale. Mais l'histoire de la planète s'est poursuivie par des évènements qui ont vraisemblablement stimulé la sélection de formes d'appendices plus compliquées que les simples nageoires rayonnées, dans une lignée qui se sépare des poissons proprement dits. A partir du Silurien (439-408 Ma), de grandes masses continentales s'individualisent et s'éloignent progressivement les unes des autres. En conséquence, l'érosion qui s'opère sur ces continents crée des dépôts qui s'accumulent dans les bassins les séparant. C'est là que se trouvent conservés les fossiles témoins des changements de faune et de flore qui nous ont procuré les éléments de l'histoire de la vie. Ces surfaces continentales se révèlent colonisées par des microorganismes, les cyanobactéries, des mousses, des fougères, des arthropodes capables de sortir de l'eau grâce à leur squelette externe constitué de chitine, un matériau qui résiste aux forces de déformation créées par la gravité. Dans les eaux continentales, hauts-fonds marins, estuaires et lacs, certains vertébrés, des poissons à squelette interne osseux, sont capables d'explorer les fonds en utilisant leurs nageoires pectorales. Aujourd'hui, le grondin *marche* ainsi en se déplaçant sur le fond vaseux grâce aux mouvements coordonnés de trois des rayons de sa nageoire pectorale (Renous *et al.*, 2000), et le périophtalme est même capable de continuer sa marche hors de l'eau, voire d'escalader les racines des arbres de la mangrove à l'aide de ses nageoires pectorales. Ces formes actuelles nous démontrent la possibilité pour un vertébré à vie aquatique de surmonter la contrainte de la pesanteur, dont il est épargné quand il est dans l'eau. En effet, la vie hors de l'eau présente deux inconvénients majeurs : l'exercice de la gravité en raison de la disparition de la poussée d'Archimède qui tend à l'équilibrer, et le risque de dessèchement par évaporation de l'eau. L'ouverture des espaces continentaux aux formes de vie n'est donc possible que si une organisation particulière est présente, comme une carapace, squelette externe des Arthropodes, qui résiste aux forces de flexion et compression nées de la gravité et limite les pertes de l'eau corporelle. A l'échelle centimétrique, mille-pattes (myriapodes) et scorpions ont été sans doute parmi les premiers à sortir et profiter des ressources offertes par les organismes autonomes, bactéries et végétaux simples. Certains vertébrés prédateurs, en compétition dans le milieu aquatique, ont acquis dans leur organisation, au moins deux éléments nouveaux : 1) des nageoires charnues, c'est-à-dire dont les rayons, qui dans l'eau forment une surface propulsive, sont remplacés par des segments osseux articulés, mis bout à bout et mus par des muscles (Sarcoptérygiens) 2) des poumons issus du bourgeonnement du tube digestif, permettant l'entrée de l'air dans le corps et un échange direct entre l'air chargé d'oxygène et le sang circulant, ce dont sont capables les Dipneustes aujourd'hui. Les branchies dont le principe est un échange entre deux liquides, eau et sang, se sont réduites jusqu'à disparaître ou plus exactement sont recyclées dans d'autres fonctions. Ainsi, les nageoires pectorales, transformées en membres, vont exercer des forces sur le sol comme des béquilles et en recevoir une réaction, source du déplacement. L'oxygène, présent dans l'air à une concentration vingt fois supérieure de celle de l'eau, capté dans les poumons, alimente le métabolisme gourmant d'une machine prédatrice. Les premiers vertébrés terrestres se déplacent sur les plages et pas à pas dans les espaces continentaux, en utilisant une locomotion peu différente de celle pratiquée par les poissons *marcheurs* : un mouvement alternatif d'appui sur lequel la flexion du tronc exerce une poussée suivie par une avancée vers un nouvel appui. C'est une traction avant du centre de masse. La différenciation d'un segment distal, l'autopode, c'est-à-dire la main, apparaît avec de nouveaux rayons articulés, en nombre variable de 5 à 8 (Boisvert *et al.*, 2008). Lorsque la ceinture pelvienne entre en contact avec l'axe vertébral, formant la région ilio-sacrée, le membre pelvien devient à son tour locomoteur avec efficacité sur terre, car il est situé en arrière du centre de masse qu'il pousse et peut soulever. Ses segments articulés, calqués sur ceux du membre antérieur, fémur basal répondant à l'humérus, tibia et péroné répondant au radius et cubitus, tarse au carpe, pied à la main, exercent des forces sur le sol par l'ouverture des angles entre les segments et la composante motrice de la réaction du sol est transmise vers l'avant au centre de masse du corps. Il s'agit alors d'une propulsion arrière qui permet des manœuvres rapides. Les deux paires de membres *en Z* ont assuré aux vertébrés *tétrapodes* (qui ont quatre pattes) une diversification dans les multiples écosystèmes continentaux. D'abord de taille modeste, tout au plus 1 mètre de long, ces pionniers sont à cette période encore largement dépendants de l'eau pour leurs ressources et très probablement leur reproduction. Ce sont des chasseurs de proies dans les hauts-fonds marins et les cours d'eau. Les proies sont des poissons mais aussi des arthropodes depuis longtemps établis sur la terre ferme. Certains s'aventurent plus avant sur la terre ferme et perdent leur nageoire caudale tandis que la nageoire pectorale, sollicitée par la locomotion terrestre, se détache définitivement du crâne. La tête massive devient libre et peut se mouvoir indépendamment dans la prise de nourriture. C'est donc toute une transformation du corps qui intervient, avec une régionalisation de la colonne vertébrale. Ses éléments, vertèbres et côtes, s'articulent entre eux et sont liés par des muscles qui perdent leur disposition transversale caractéristique des poissons et forment des faisceaux allongés d'avant en arrière (Renous & Gasc, 2011). Des ensembles musculaires s'individualisent et viennent s'attacher sur les vertèbres en des points qui leur assurent une mobilité propre. La colonne vertébrale n'est plus une simple baguette flexible. Elle devient une étonnante poutre articulée, élément d'un mécanisme de transmission de forces et un guide de mouvements.

Au Carbonifère (362-290 Ma), un climat plutôt tropical assure le développement considérable de grands végétaux qui sont à l'origine des dépôts de houille. Ces conditions ont favorisé la fossilisation de toute une faune vivant dans ces forêts de fougères géantes et les terrains datant de cette période ont procuré une riche documentation sur le foisonnement de formes parmi les tétrapodes. A la fin du Carbonifère et durant le Permien qui lui succède, apparaissent des vertébrés nettement terrestres dotés de membres robustes, capables de lever au-dessus du sol leurs corps massifs. Les membres antérieurs présentent souvent des crêtes marquées, signe de l'insertion pour des muscles puissants témoignant de la capacité à soulever, malgré le porte-à-faux, la portion antérieure d'un corps et d'une tête aux os épais (Figure 4).

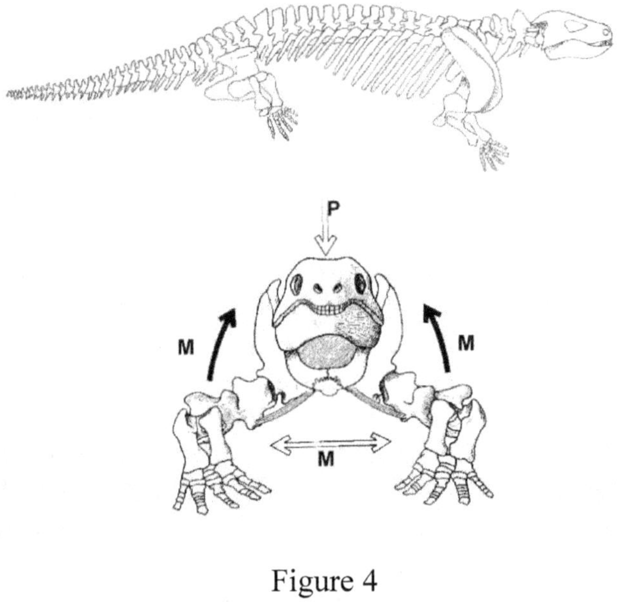

Figure 4

Diadectes, un tétrapode du carbonifère final, probablement herbivore avec des dents antérieures tranchantes et postérieures broyeuses. Le membre antérieur est encore dominant et sa position transversale nécessite de puissants muscles (M) pour soulever le poids (P) au-dessus du sol comme en témoignent les reliefs des crêtes d'insertion musculaire.

Ces machines pesantes devaient consommer beaucoup d'énergie contre l'incontournable gravité. Le déplacement, c'est-à-dire la poussée vers l'avant du centre de masse, est désormais assuré par les membres postérieurs grâce à la soudure de la ceinture avec l'axe vertébral (Figure 5).

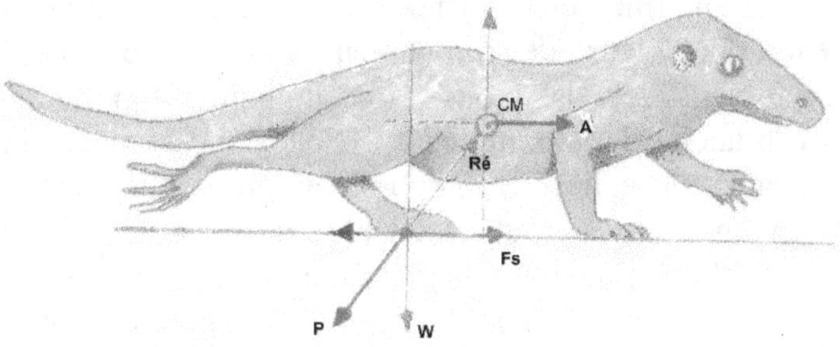

Figure 5 (d'après Gasc 2020)

Base de la locomotion terrestre des vertébrés. A, accélération responsable de l'avancée ; CM, centre de masse ; Fs, force de frottement statique ; P, poussée sur le sol résultant de l'extension du membre ; Ré, réaction du sol à la poussée ; W, Portion du poids transmis au niveau de l'appui, équilibrée par la composante verticale de la réaction.

A partir de là, au cours de l'ère secondaire, les vertébrés fossiles ressemblent de plus en plus à des formes actuelles. On voit apparaître des dentures adaptées à la consommation de végétaux et une compétition s'établit entre les herbivores et leurs prédateurs. La règle de construction traduit une régionalisation, tête, cou, thorax, côtes, sacrum et queue avec des variations sur ce plan. Chacune de ces parties intervient dans les fonctions essentielles, prise de nourriture, ventilation, locomotion.

De quoi conquérir les continents

Un évènement important intervient avec un mode de reproduction impliquant un œuf contenant sa propre réserve d'eau, l'œuf amniotique. Se distinguent alors les Amniotes possédant ce nouveau type d'œuf qui ouvre la capacité à se répandre dans des zones continentales éloignées de l'eau libre, tandis que ceux qui restent tributaires de collections d'eau pour leur développement donnent origine aux Amphibiens actuels. Nous, êtres humains, appartenons à cette branche des Amniotes qui s'est donc séparée depuis longtemps de celle des Amphibiens, grenouilles, crapauds et salamandres, tout un ensemble très diversifié (Lissamphibiens) comprenant même un groupe ayant perdu leurs pattes, les Gymnophiones. Les Amniotes ont ainsi colonisé des milieux pauvres en eau, voire désertiques, ou plus exactement des milieux où l'eau n'est pas toujours libre et directement accessible. En effet cet élément indispensable à toute vie peut être procuré indirectement par les ressources alimentaires, les végétaux et les animaux contenant un taux élevé d'eau dans leurs tissus

En résumé, les Amniotes sont pleinement terrestres, se développent sans passer par une métamorphose, exploitent des ressources plus variées, certains se spécialisent, et ils peuvent atteindre de grande taille. Chez eux, chaque membre obéit à une géométrie qui joue un rôle essentiel dans son fonctionnement. A partir d'une base unique apparue chez les ancêtres aquatiques (Laurin, 2011), les premiers vertébrés à nageoire charnue ou Sarcoptérygiens, le membre s'étend latéralement et se divise en deux par rapport à son axe : une portion en avant ou pré-axiale, et une portion en arrière ou post-axiale. Pour le membre antérieur cela se manifeste par la succession, de la base vers la périphérie, selon un sens proximo-distal, de l'humérus, du couple radius (pré axial) et cubitus (ou ulna, post-axial), des os du carpe en deux rangées et enfin de cinq doigts ayant plusieurs phalanges dont la formule est assez généralement 2,3,4,5,3 (Boisvert *et al.*, 2008). Le nombre de cinq pour les doigts (pentadactylie) s'est fixé chez les tétrapodes du Carbonifère. Il avait atteint le chiffre de huit chez les formes encore aquatiques qui avaient précédé. On peut remarquer que le nombre de cinq est compatible avec une symétrie axiale : les doigts 1 et 2 sont pré-axiaux et les doigts 4 et 5 sont post axiaux. Jusqu'à la fin du Permien, les Tétrapodes ont révélé des formes étonnantes et qui paraissent fantaisistes, adaptées à divers régimes alimentaires et divers milieux, portant des sortes de voiles sur le dos ou vivant dans les tiges creuses des prêles géantes, mais aussi des formes qui devaient planer grâce à des côtes immenses soutenant sans doute un repli de peau, comme le font aujourd'hui les petits dragons volants des forêts asiatiques. Mais en quelques millions d'années, la quasi-totalité de ces faunes disparaissent pour des raisons qui resteront longtemps sujet à controverses (Eldredge, 1987). Toutes les formes de vie furent affectées par cette extinction et le Trias, qui suit et ouvre l'ère secondaire ou mésozoïque, connait une lente reconstitution à partir des lignées survivantes. En schématisant, on peut dire que trois grandes lignées d'Amniotes se reconstituent et ont eu une descendance conduisant aux formes actuelles. Chez eux le corps se régionalise et des divergences entre les deux paires de membres sont souvent marquées. La ceinture pectorale est simplifiée par la réduction et la disparition des os qui servaient d'intermédiaires entre la tête et le membre (cleithrum et post-cleithrum). Domine alors un scapulocoracoïde qui s'étend sur la face latérale du thorax. La surface des articulations entre les segments offre des orientations et une géométrie assurant la locomotion avec efficacité, fondé sur le mécanisme de flexion et d'extension combiné au contact de la paume avec le sol. C'est ainsi que l'humérus passe de sa position transversale à une direction vers l'arrière dans un plan parallèle au plan de symétrie et amène le radius originellement pré-axial devant le cubitus (Figure 6). Le premier doigt est médial (vers le plan de symétrie du corps) et la main appliquée sur le sol. La masse contractile des muscles se regroupe à la racine du membre, diminuant l'inertie de l'ensemble au cours de son mouvement d'avant en arrière dans un plan quasi-vertical lorsqu'il est levé au-dessus du sol.

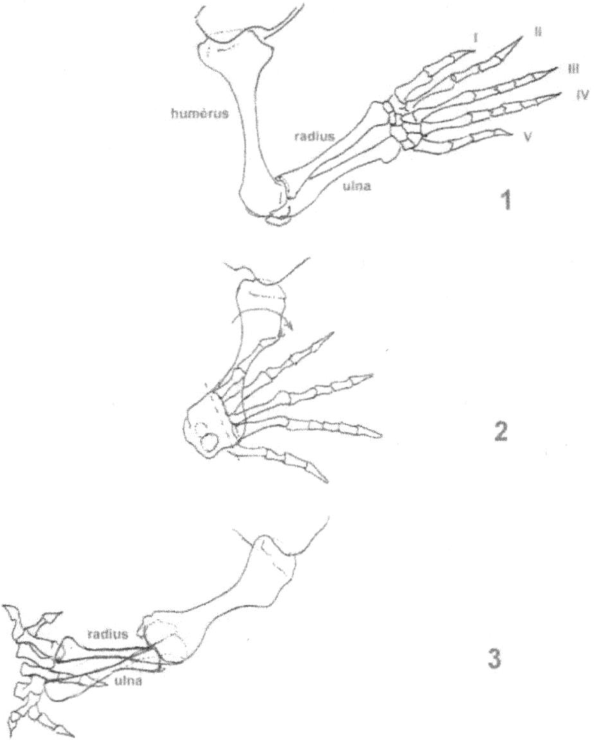

Figure 6

Trois phases du mouvement du membre antérieur droit au cours du posé pendant la locomotion. Images extraites d'un film aux rayons X du déplacement du téju, grand lézard sud-américain, en vue dorsale. On peut voir que l'application de la main sur le sol nécessite la rotation de l'humérus autour de son axe et le croisement des os de l'avant-bras (pronation).

D'autre part, le crâne des Amniotes se caractérise par un système de mâchoires robustes mues par des muscles spécialisés dans leur fermeture et ouverture. Ces mouvements sont utilisés dans le traitement mécanique de la nourriture par des dents présentant diverses formes, tranchantes ou broyeuses. Les muscles assurant la fermeture de mâchoires par l'élévation de la mandibule vers les os du maxillaire et du palais (muscles adducteurs) sont fixés sur les parois du crâne selon trois dispositions principales qui ont eu leur propre histoire évolutive (Gasc, 2004). Soit le toit crânien formé d'os dermiques conserve la continuité ancienne, formant un couvercle et les muscles s'attachant à la face interne ; c'est la disposition anapside (ce qui veut dire : sans ouverture). Soit, les muscles s'attachent sur le pourtour de deux fenêtres ouvertes dans le toit ; c'est la disposition diapside. Ou bien encore une seule fenêtre ouverte en bas de la paroi reçoit les muscles et c'est la disposition synapside. Ces trois dispositions ouvrent des spécialisations pour trois grandes lignées d'Amniotes. La lignée anapside est aujourd'hui représentée par les tortues ou Chéloniens dont les premières traces datent du Trias supérieur (environ 200 millions d'années). Diapsides sont la majorité des formes de reptiles du secondaire, dont le grand groupe des Archosauriens, soit les dinosaures et aujourd'hui les crocodiles et les oiseaux, ainsi que le groupe des Lépidosauriens, lézards, serpents. Enfin les Synapsides sont représentés par un ensemble d'animaux, dont les Cynodontes au Trias qui ébauchent le patron des mammifères (Figure 2). C'est donc au Trias, après la grande extinction, que sont fixés les cadres structuraux des grandes masses de la diversité des tétrapodes qui se dispersent sur un continent unique et immense, la Pangée. N'oublions pas cependant les Ichtyosaures et les Placodontes, des rameaux qui retournent indépendamment dans les océans où les poissons osseux se diversifient de leur côté. Des modifications climatiques de grande ampleur, trahies par les végétaux fossiles, sont sans doute responsables de l'extinction périodique dans toutes les lignées terrestres. Cependant, on peut remarquer de curieuses tendances au développement répété de schémas structuraux Ainsi, les proportions corporelles sont souvent modifiées. Des formes présentent un cou allongé par une augmentation du nombre de vertèbres ou l'allongement de chaque vertèbre, éloignant la tête du membre antérieur. On observe aussi un allongement des membres postérieurs, modifiant l'équilibre du corps, permettant une station bipède et soustrayant les membres antérieurs du service de la locomotion rapide. Ces membres sont alors de dimension réduite ou spécialisés en organe de prédation. Le membre antérieur retrouve ainsi son ancienne liaison fonctionnelle avec la tête en participant à la prise de nourriture. La transformation la plus radicale est celle qui aboutit aux Ptérosaures, formes volantes ayant tous les caractères de bons voiliers. C'est la main qui par l'hypertrophie du 4e doigt assure l'extension d'une surface portante (Brown & Padian, 2021). Par ailleurs, des animaux aux proportions gigantesques apparaissent au Jurassique et au Crétacé. Ce sont de lourdes machines herbivores juchées sur des membres en colonne résistant à la compression, comme le Diplodocus, ou bien les plus grands prédateurs terrestres ayant existé, néanmoins agiles sur leurs deux pattes arrière, comme le tout aussi célèbre Tyrannosaure. A cette période la diversification est aussi fantaisiste qu'au Permien, en particulier par les excroissances sur le crâne ou le dos. La Pangée s'est fragmentée et les continents actuels commencent à se dessiner. Vers 65 millions d'années, à la limite entre la fin du Crétacé et le début du Tertiaire, un changement profond se manifeste dans la composition des faunes. Sur les continents, seules des espèces de petite taille passent cette limite, dont les oiseaux parmi les diapsides et les mammifères parmi les synapsides.

C'est à coup sûr une nouvelle crise planétaire qui en est responsable (Raup, 1993). Plusieurs causes sont candidates et de toute évidence des équilibres ont été rompus dans la Biosphère pendant plusieurs millions d'années. Toutes les lignées ont souffert de cette rupture d'équilibre, mais certaines ont retrouvé assez rapidement le chemin d'un renouveau et d'une relative domination. Les raisons de ce « succès » ne sont pas vraiment connues. Certes dans le cas des mammifères, on peut invoquer les innovations anatomiques et physiologiques qui les caractérisent : le maintien d'une température constante (endothermie) et le développement effectué à l'intérieur de l'organisme femelle (viviparité) ce qui les auraient avantagés face aux changements du milieu ambiant, mais ce serait oublier l'existence en parallèle de ces mêmes traits chez d'autres Vertébrés, y compris ceux qui ont disparu. De plus, on observe un renouveau de lignées marines et l'expansion des plantes à fleurs. Enfin, de très nombreuses formes vivantes, macroscopiques et microscopiques, citons par exemple les escargots (gastéropodes) les bivalves, les poissons osseux, ont poursuivi sans encombre leur existence pendant cette période critique. Ce qui est constaté, c'est l'effet de vide, celui des potentialités ouvertes dans les écosystèmes terrestres par la disparition de lignées entières. Il semble que les mammifères, marsupiaux et placentaires, ont bénéficié de la disparition de la majorité des grands reptiles, sans oublier toutefois que les oiseaux sont les descendants des Dinosaures Théropodes. Enfin, chez les mammifères l'augmentation du volume de la cavité crânienne où se loge le cerveau, tendance qui va sans cesse s'affirmer, signe sans doute une meilleure maîtrise des situations imprévues du milieu. En effet, l'accroissement du volume cérébral, donc du nombre de neurones et de leurs connexions augmente l'efficacité des réponses aux problèmes posés par les variations fréquentes des circonstances au cours de différentes étapes de la vie. Les terrains du début du Tertiaire (Eocène, autour de 40 millions d'années) ont livré des mammifères fossiles de grande taille. Une diversification s'est donc assez vite produite avec à nouveau une tendance au gigantisme chez les Vertébrés, et on voit apparaître des créatures organisées pour se nourrir de végétaux, analogue à des rhinocéros. D'autres étrangetés contredisent la loi des corrélations de Georges Cuvier. En effet, le fondateur de la biologie comparative avait énoncé la loi des corrélations organiques en l'élevant au niveau d'un postulat mathématique, selon lequel la possession de sabots impliquait un estomac d'herbivore avec les dents propres à ce régime alimentaire, comme les griffes signent un régime et une denture de carnassier. Alors, quel pouvait être le mode de vie du Chalicothère qui montre les deux types d'extrémités, sabots et griffes ?

La faune mammalienne des débuts du Tertiaire va disparaître sans descendance, remplacée par les deux groupes d'herbivores encore présents, les Artiodactyles et les Périssodactyles, qui se distinguent par la réduction du nombre de doigts, pair chez les premiers (par exemple les bovins), impair chez les seconds (par exemple les chevaux). Le membre antérieur qui nous intéresse poursuit ses spécialisations en relation avec la bipédie et le vol, tandis que chez les mammifères, parmi d'autres groupes (Panyutina *et al.*, 2015), les chauves-souris ou Chiroptères (qui signifie main-aile), utilisent l'allongement de tous les doigts de la main dans la constitution d'une surface portante pour une modalité du vol battu.

Mais qu'en est-il de tous les autres mammifères ? Ceux qui, de petite taille, étaient présents entre les pattes des dinosaures géants dès le début de l'ère secondaire. Même à l'état de fragments qui ont été longtemps négligés, on les reconnaît à la paroi crânienne fermée sur les côtés et recevant une nouvelle articulation pour les mâchoires. L'ancienne charnière propre aux reptiles constituée du contact entre l'os carré et la mandibule a été progressivement « négligée » ou plutôt est entrée dans la sphère auditive sous la forme d'osselets de l'oreille moyenne, le marteau et l'enclume. Voilà une singularité de l'évolution. Quoi de plus risqué a priori que d'abandonner l'articulation reptilienne des mâchoires, un instrument essentiel à la survie, pour se lancer pendant plusieurs millions d'années dans une aventure qui ressemble à un tâtonnement. Cette aventure très bien documentée, car de nombreux fossiles nous en révèlent toutes les étapes, nous montre des formes animales dont la tête se métamorphose progressivement du Trias au début du Jurassique. On ignore par quel bricolage les fonctions d'audition et de mastication ont pu être correctement accomplies pendant quelques millions d'années. La musculature associée aux mâchoires devient vraiment masticatrice, en créant des mouvements complexes en raison de l'orientation des fibres musculaires, sans doute plus efficaces dans l'extraction de l'énergie procurée par les aliments d'origine végétale et animale. Après un flottement de la mâchoire qui n'était maintenue que par des muscles et des tendons, apparaît enfin une nouvelle articulation entre la mandibule, dont l'os dentaire devient l'élément principal, et la paroi latérale du crâne qui enferme le cerveau. C'est un nouveau système mécanique qui se met en place, actionnant des dents différenciées en plusieurs catégories qui s'engrènent par une véritable occlusion (Gasc, 2004). La forme des dents des mammifères, souvent seuls restes fossiles, servent de témoins précieux, riches en information sur le mode de vie. Au début du Tertiaire (Paléocène et Eocène) pendant environ 15 millions d'années, on constate une intense radiation de ces petits animaux distingués par leur régime alimentaire que décèlent leurs dents. Bien que les os des membres, et surtout les extrémités, soient rarement conservés on est surpris par la stabilité des patrons. C'est le plan des tétrapodes du début qui est apparent chez des formes vivant sans doute au ras du sol. En particulier, la main n'est pas très différente de celle d'un ancêtre commun aux Amphibiens et aux Amniotes. Cependant la ceinture pectorale est allégée par la réduction de l'os coracoïde. Elle se réduit à une lame, la scapula ou omoplate, et n'est plus reliée à la paroi du corps que par des muscles et ventralement au sternum par la clavicule. Le membre antérieur est ainsi suspendu et plus mobile par rapport au thorax. Par la libération de l'omoplate, le centre de rotation de l'ensemble du membre est repoussé en un point plus dorsal, donnant plus d'amplitude au mouvement d'avant en arrière, augmentant l'enjambée dans la locomotion terrestre (Kuznetsov, 1985). La main située à l'extrémité peut explorer un vaste espace et assurer des appuis situés au-dessus du sol. Sa symétrie à partir du 3e doigt, permet une individualisation fonctionnelle des éléments pré-axiaux, spécialement le premier doigt qui possède sa propre musculature et innervation. Déjà, chez plusieurs Amniotes, la formation d'une pince est associée à la locomotion dans la végétation. Pensons aux caméléons qui saisissent les rameaux entre un ensemble formé par les doigts 1 et 2 opposés à l'ensemble des doigts 3, 4 et 5 (Gasc, 1963). En effet, le déplacement dans les arbres d'animaux relativement légers mobilise deux procédés principaux : l'accrochage au substrat par des griffes ou bien le serrage de surfaces cylindriques par une pince (Cartmill, 1985). Dans les deux cas, intervient l'exercice des muscles fléchissant les doigts, ainsi que la capacité de tourner la main par le jeu du radius dont la tête pivote au niveau du coude, mouvement de supination qui amène le premier rayon, le pouce, en position post-axiale. Tous les Mammifères qui sont dotés de ce système de pronosupination sont armés pour placer leurs mains dans les trois dimensions, de saisir un appui au-dessus de leur tête et d'agir à l'aide de muscles fléchisseurs, contrairement à la locomotion sur le sol qui se fonde sur l'action dynamique des muscles extenseurs. Beaucoup de petits mammifères exploitent les ressources offertes par les arbres, riches en produits végétaux, fleurs, fruits, gommes, mais aussi en proies, insectes, araignées, nids d'oiseaux. Chaque arbre constitue un écosystème à une certaine échelle et les phases de développement d'espaces couverts de forêts ont été très favorables à la diversification de ces formes vivantes.

Une vie dans les arbres

Dès le début de l'Eocène (53 millions d'années) apparaissent des groupes de petits mammifères arboricoles, les Omomyidés et les Adapiformes. On les a rapprochés des Tarsiers actuels, ces curieuses créatures nocturnes hantant les forêts tropicales d'Indonésie. Ils sont considérés comme figurant des Primates originels par de nombreux caractères crâniens et dentaires, mais aussi par leurs membres. Rappelons que les tarsiers pèsent 120 grammes et chaque œil est aussi volumineux que leur cerveau. Cette lignée semble s'être peu modifiée depuis 45 millions d'années et leur survie peut paraître étonnante quand on sait qu'ils sont particulièrement sensibles au stress. Par exemple ils ne supportent pas la captivité. Leur morphologie est particulière, surtout celle du pied dont le tarse allongé constitue un organe leur assurant des bonds gigantesques dans le milieu arboré, mais aussi celle des yeux et la mobilité du cou qui rappelle celle des rapaces nocturnes. Ceci les place parmi les espèces très spécialisées. C'est pourquoi il ne faut certainement pas voir en eux des ancêtres, mais simplement des représentants d'un grade primate. En réalité, les primates constituent une catégorie de mammifères qu'il n'est pas facile de caractériser, sinon par des traits généraux, qu'ils partagent avec des formes basales, c'est-à-dire voisines de lointains ancêtres. Ce n'est pas le moindre paradoxe qu'offre ce groupe de Mammifères. On peut cependant retenir la forme du crâne qui non seulement protège totalement le cerveau, mais possède des orbites fermées latéralement par une barre post-orbitaire. Cette disposition est associée à la situation frontale des yeux dont les axes optiques peuvent être rendus convergents vers l'avant, signant la capacité de recouvrement des champs visuels, donc de perception de la 3e dimension, très utile dans le milieu arboré. Quant aux membres dont nous avons signalé la *banalité* du plan, ils se remarquent pourtant au niveau des autopodes, mains et pieds, par le remplacement des griffes par des ongles plats (Napier, 1967). Les rares exceptions sont des petits singes d'Amérique du Sud et certains Lémuriens qui ont des doigts dits de toilette (le second). Il semble que les pieds ont été spécialisés pour une prise ferme des supports constitués par les branches. C'est ainsi que tous les primates, à l'exception notable des Hominidés, présentent un premier orteil complètement divergent des autres rayons digitaux, ce qui permet une opposabilité nécessaire à la prise (Figure 7).

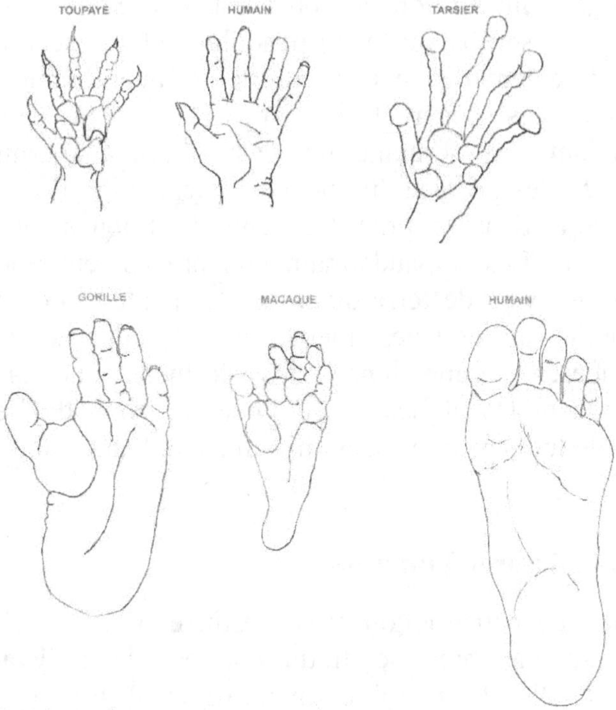

Figure 7

Les mains et les pieds. Alors que les pieds des primates paraissent très adaptés à la préhension, parfois plus que leurs mains, le pied humain est complètement différent par son allongement et le rapprochement de gros orteil des autres orteils, forme adaptée à la marche sur les sols.

Leurs pieds fonctionnent comme nos mains, et ils se déplacent souvent en position bipède dans les frondaisons en utilisant les branches horizontales. En revanche, le pouce n'est opposable à la main que chez certains et pas obligatoirement dans la locomotion. La main peut être utilisée dans la suspension grâce à la formation d'un crochet formé par quatre doigts, pouce exclu. Ceci est bien visible chez un singe d'Amérique (Platyrrhinien), l'Atèle ou singe araignée dont le pouce est très réduit ou même absent. Par son balancement pendulaire et son accrochage alternativement à gauche et à droite, il franchit rapidement les distances séparant les arbres dans la canopée. Cependant, en scrutant un vaste horizon parmi les vertébrés, les primates n'ont pas l'exclusivité d'un usage des mains dans la prise de support, d'objets, et donc d'aliments. Les crapauds maintiennent (tiennent par leurs mains) les vers de terre quand ils les avalent. Les mains encadrent la bouche, même quand elles sont très modifiées, comme chez les tortues marines qui rapprochent les algues consommées au fond de l'eau à l'aide de leurs palettes natatoires qui sont leurs mains.

Où la main prend du grade

Le plan de construction et le destin évolutif de chaque paire de membres se traduisent par la polyvalence fonctionnelle du membre antérieur et il n'y a aucun miracle dans le rôle qu'il tient dans l'espèce humaine. La phrase d'André Leroi-Gourhan : « Nous étions préparés à tout admettre sauf d'avoir débuté par les pieds », n'est pas une provocation, mais elle a le mérite de mettre l'accent sur l'élément anatomique qui a permis par échange la sélection d'une prise de contrôle accrue des mouvements du membre antérieur par le cerveau, grâce à la spécialisation du pied qui avait pris en charge la locomotion au sol. Ainsi, de l'épaule à la main, existait depuis les premiers tétrapodes le système pluriarticulé capable de se mouvoir dans les trois dimensions de l'espace et le câblage nerveux distribué aux étages successifs de ce système. Ce qui est nouveau dans le genre *Homo* relève plutôt d'un ordre quantitatif : musculature enrichie pour la mobilisation du pouce, accroissement du nombre de neurones moteurs dans le cortex cérébral dédiés à la main, et spécialement aux deux premiers rayons. En effet, la mobilité du pouce, associée à celle de l'index réalise un outil de préhension d'une extrême précision, sans comparaison avec l'utilisation du même type d'outil par d'autres primates et certains autres mammifères, pourvus ou non de pouce opposable.

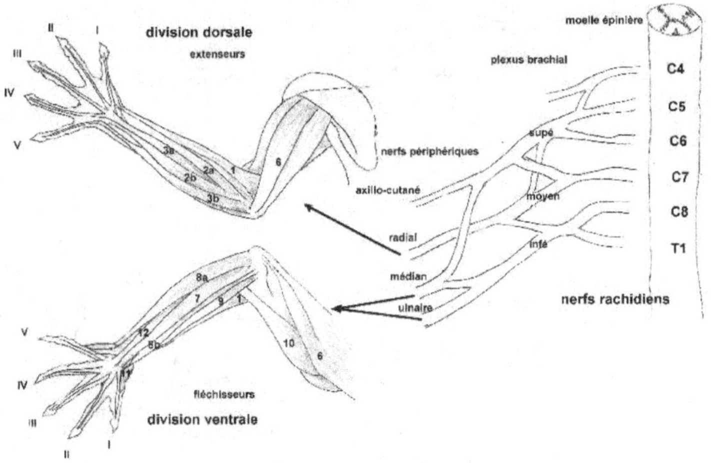

Figure 8

Origine du plexus brachial et distribution des nerfs aux groupes des muscles au membre antérieur. 1. M. brachioradial ; 2a M. extenseur radial du carpe ; 2b M. extenseur du doigt 5 ; 3a M. extenseur des doigts ; 6. M. triceps ; 7. M. fléchisseur superficiel des doigts ; 8a M. fléchisseur ulnaire du carpe ; 9 M. pronateur ; 10. M. biceps ; 11. M. abducteur du pouce ; 12. M. fléchisseur radial du carpe.

Dès que les techniques d'électrophysiologie ont été capables de dévoiler les relations entre la localisation et l'extension des neurones groupés dans l'écorce cérébrale qui reçoivent des influx sensoriels ou déclenchent des actions dues à une entrée en mouvement de parties du corps, on a découvert l'incroyable prédominance des territoires dévolus à la main (Figure 9). Une telle importance n'est représentée que par la face et le larynx, siège des mimiques et du langage, ce qui n'est pas anodin comme nous le verrons plus loin.

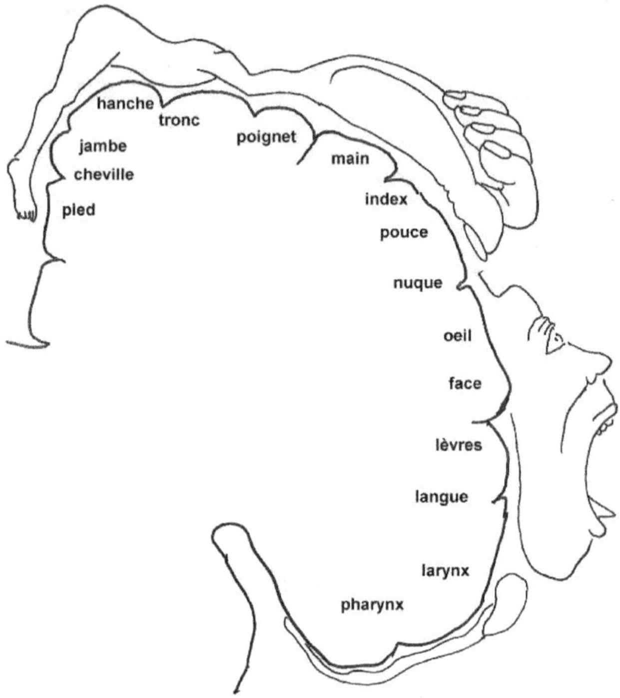

Figure 9

« Homonculus » de Penfield et Boldray (1937) plaçant les divers territoires du corps humain sur le cortex cérébral moteur.

Derrière le décor, la machinerie

Nous avons vu que la segmentation du corps et celle des membres constituent la base matérielle d'un ensemble d'actionneurs, os articulés, capables de fléchir ou s'étendre, de tourner autour de leur axe, de muscles dont les contractions déterminent des actions précises dans l'espace et de nerfs composés d'éléments moteurs et sensoriels provenant de plusieurs étages segmentaires à partir de la moelle épinière. Après brassage dans l'isthme de la base du membre, ces nerfs se résument à trois composants, le nerf radial pour la face dorsale du membre et les responsables de son extension, le nerf médian et le nerf ulnaire pour la face ventrale et les responsables de la flexion (Figure 8). Cette description schématique donne l'impression que l'organisation des actions est en partie inscrite dans l'anatomie, une sorte de programmation dans les structures. C'est l'image à laquelle étaient parvenus les penseurs du 15ᵉ au 17ᵉ siècle, époque où l'empirisme des artisans se transformait en théories. Et naissait la mécanique. Léonard de Vinci écrit dans ses carnets qu'en piquant la moelle épinière d'une grenouille décapitée on créait le mouvement des pattes. Il démontrait ainsi la relation entre le système nerveux et la mise en action des muscles. Il note : « Fais en sorte que le livre des éléments de mécanique, avec les exemples qu'il contient, précède la démonstration du mouvement et de la force de l'homme et des autres animaux, et ainsi tu pourras fournir la preuve de toutes tes propositions ». On voit dans cette citation tout un programme. Derrière les préoccupations de l'artiste, se projettent les aspirations de l'homme cherchant à reconstituer des processus naturels. Galilée (1564-1642) avait démontré que le calcul était nécessaire à la compréhension du monde. Mesurer assurait l'objectivité, c'est-à-dire la répétition par tout le monde d'une démonstration. Borelli (1608-1679) fonde avec son *De Motu Animalium* paru en 1680 une application de ces principes au mouvement des corps. En réalité ses analyses restent dans le domaine de la statique, mais les notions essentielles d'une « biomécanique » y sont exposées

(Figure 1). Les éléments du squelette sont considérés pour leur rôle de leviers et les muscles assimilés à des vecteurs de force. L'organisation anatomique est remplacée par un schéma d'actions. Cependant, on était encore loin d'identifier les agents directs de la mise en mouvement, de la transmission entre les nerfs moteurs et les muscles, encore moins du site de la commande initiale et de son contrôle. En quoi l'être humain se distingue-t-il des animaux ? Question qui va alimenter la philosophie jusqu'à nos jours (Gontier, 2010). Les théories qui ont voulu expliquer le fonctionnement de *l'animal-machine* cher à Descartes (1596-1650) sont longtemps restées du domaine de l'imagination. Depuis l'antiquité, les humains ont rêvé de fabriquer des êtres animés. Le schéma d'action auquel on était parvenu à la fin du 17e siècle a ouvert la porte à la réalisation d'automates. La technologie de l'horlogerie savait maîtriser des mécanismes de plus en plus complexes. L'évolution sociale, celle des moyens de production et de façon générale les facteurs historiques accompagnent en Europe la naissance de la science moderne. Entre les automates de Vaucanson (1709-1824) qui amusent la société avec son joueur de flute ou son *canard digérateur*, et les machines qui vont stimuler le développement de l'industrie, comme le métier à tisser de Jacquart (1752-1834), il y a une communauté de pensée. Jacquart a d'ailleurs emprunté une partie de son mécanisme à Vaucanson, en particulier le cylindre à picots, base de toutes les boîtes à musique. L'idée fondamentale est celle de la décomposition du mouvement en étapes matérialisées par la répartition de trous dans des cartes qui se présentent selon une séquence permettant le passage d'aiguilles commandant l'écart des fils de trame pour le passage de la navette. Ainsi sont réalisés dans le tissu des motifs complexes. Il s'agit bien de la programmation d'une action. Tel le jeu d'un morceau de musique par le joueur de flûte ou de galoubet que fabrique Vaucanson. On voit l'homologie entre ces résultats complexes : motif de tissu et mélodie, réalisés grâce à la décomposition en actions élémentaires intervenant dans le temps. Le principe de ces automates mime l'action de l'être humain, de la main qui est la périphérie d'un système de mouvements. C'est l'exercice et l'apprentissage du geste qui font la richesse du savoir-faire des divers artisans et n'oublions pas que les « manufactures » ont précédé les usines. L'introduction de ces machines qui reproduisaient les mouvements répétés dans la fabrication eut d'abord des effets néfastes dans la société. En effet, elles évinçaient des humains et les rejetaient hors du monde du travail, donc des moyens de subsistance. Ce n'était pas sans contradiction aussi, car elles supprimaient des tâches ingrates généralement exécutées à l'époque par des enfants. Cependant, l'expansion des industries sous-tendue par la soif de profit, donc de main d'œuvre à bas prix, n'a rien changé à l'exploitation humaine, bien au contraire car la menace de la perte d'emploi est devenue un levier dans cette exploitation. On connait les révoltes des canuts dans les manufactures lyonnaises, et le mouvement luddiste en Angleterre visant à détruire toute machine qui remplace les gestes de l'ouvrier.

Mais revenons à notre membre antérieur. Il peut se résumer chez les Mammifères à un mécanisme composé de quatre segments principaux : l'omoplate (ou scapula), l'humérus, le couple radius-cubitus (ou ulna), et l'ensemble des os de la main. Ces segments sont articulés entre eux et la forme de ces articulations détermine les mouvements possibles en définissant des degrés de liberté. On appelle ainsi les capacités de déplacement selon les trois dimensions de l'espace, à partir du centre virtuel d'une articulation. Chaque articulation possède ainsi ses degrés de liberté et la succession des articulations depuis l'origine centrale (le thorax) jusqu'à la périphérie (l'extrémité des doigts), est la source par cumulation des trajectoires complexes que peut réaliser le membre dans l'espace. La forme de chaque articulation inscrit un programme du mouvement possible. Autrement dit, le nombre des trajectoires n'est pas infini et le mouvement de chaque segment est strictement déterminé (Latash & Zatsiovsky, 2016). Les trois axes théoriques passant par le centre articulaire permettent chacun la rotation et la translation (le long de l'axe). On comprend aisément que le maintien en place de l'articulation nécessite une limitation des translations qui aboutiraient à une luxation, un déboîtement des surfaces articulaires, donc à une lésion. Ce sont le plus souvent des brides tendineuses qui bloquent la translation. En revanche, la rotation selon chacun des axes définit les degrés de liberté de chaque niveau. Un seul axe de rotation libre forme une charnière, un seul degré de liberté. L'axe peut présenter une obliquité déterminant une rotation conique. C'est le cas chez l'humain de l'articulation du coude entre le cubitus et l'humérus. Une articulation qui présente deux axes libres perpendiculaires constitue un cardan, permettant la rotation selon deux axes qui ne sont pas dans le prolongement l'un de l'autre. C'est le cas de la base du pouce. Enfin, si trois axes sont libres, la surface articulaire étant une portion de sphère, les mouvements possibles sont une rotation axiale, une flexion-extension, une abduction-adduction (éloignement-rapprochement). C'est le cas de l'articulation de l'épaule entre humérus et l'omoplate. Le membre supérieur (antérieur) humain présente ainsi sept degrés de liberté jusqu'au poignet (Kapandji, 1980). Dans la main, les doigts fléchissent à leur base sur des axes obliques qui les font converger vers le centre de la paume et le pouce possède son propre système avec un cardan entre trapèze et métacarpe qui combine automatiquement flexion et adduction. Il ne faut pas oublier que chez les Mammifères, l'omoplate constitue le véritable premier segment. Elle glisse sur le thorax suivant un mode d'articulation non osseuse ou la translation est combinée à une rotation. La disposition des moteurs musculaires, résultat du développement, à la fois par la répétition segmentaire et l'orientation dans l'espace en masses dorso-ventrale et pré-axiale-post-axiale, se traduit dans le fonctionnement par la capacité d'une extension, c'est-à-dire de l'ouverture des angles entre segments squelettiques successifs et de son contraire, la flexion. Les muscles sont donc antagonistes, fléchisseurs ou extenseurs, ou agonistes, agissant de concert dans l'un ou l'autre mouvement. Il faut se souvenir que les propriétés contractiles du tissu musculaire reposent sur une spécialisation de ses cellules qui sont des géantes d'un diamètre de 10 à 100 µm pour une longueur pouvant atteindre le centimètre. Leur structure est fibreuse. Les fibres groupées par plusieurs milliers dans ces cellules sont formées par la mise bout à bout d'unités fonctionnelles, les sarcomères, longs au repos de 2,5 µm. Chaque sarcomère est constitué par une association de deux molécules, la myosine en paquet donnant le filament épais qui est encadrée par l'actine en filament fin. Ces deux molécules sont très répandues dans le cytoplasme des cellules des organismes vivants où elles assurent la circulation des protéines. Elles sont à la base du moteur moléculaire, car du glissement de l'actine le long de la myosine résulte une tension qui se répercute dans l'ensemble sous forme de contraction du muscle, créatrice de forces à ses extrémités. La contraction se déclenche à l'arrivée de l'influx moteur au niveau de la jonction nerf-muscle dans un petit organe, la plaque motrice, où est secrété un médiateur chimique qui relance le message. Les neurones moteurs principaux (alpha) sont accompagnés dans leur trajet depuis la corne antérieure de la moelle par d'autres motoneurones (gamma) qui viennent stimuler la contraction de fibres musculaires particulières qui jouent dans le muscle le rôle d'informatrices sur l'état de contraction. Ce message est destiné à des neurones centripètes gagnant la racine postérieure des nerfs d'où il est dirigé vers les centres (Figure 9). On a vu (Figure 8) que les nerfs gagnant ces muscles sont individualisés en relation avec cette disposition des groupes fonctionnels. Le schéma des actions possibles apparaît ainsi matérialisé dans l'anatomie, (Hendelman, 2000).

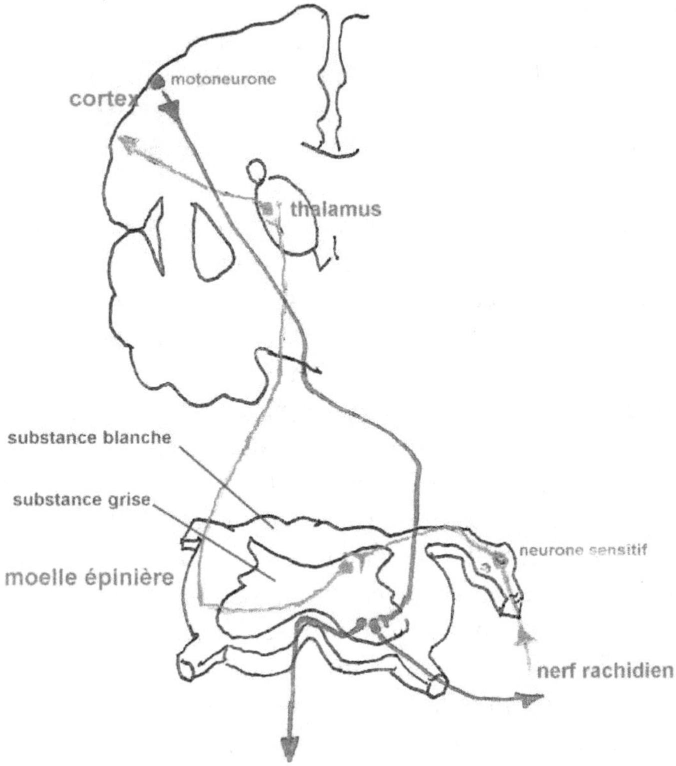

Figure 10

Schéma minimal des trajets entre la périphérie d'où proviennent les informations et le cortex cérébral qui envoie les réponses motrices, passant par la moelle épinière.

La connaissance précise de cette machinerie est indispensable pour les réparations nécessitées par les atteintes à l'intégrité du système qu'il s'agisse d'affections ou d'accident. La chirurgie orthopédique dont l'objectif est de restaurer le fonctionnement jusqu'à la réalisation de prothèses bioniques, se fondent sur ces données. Mais on en reste au niveau d'un *Homme-machine* (1747), dont la promotion par Julien Offray de La Mettrie (1709-1751) avait fait scandale. Qu'il y a-t-il derrière cet assemblage de pièces pour expliquer un fonctionnement aussi précis et surtout mis en marche *à propos* ?

Y a-t-il un chef d'orchestre ?

Cependant, on découvrit que le mouvement peut totalement échapper à la volonté, c'est-à-dire se déclencher par une activité neuro-musculaire locale ne mettant en œuvre que la moelle épinière, par ce qu'on appelle un réflexe. Ceci a évidemment soulevé des interrogations sur la hiérarchie des mouvements dans le comportement. Ce dernier et son prolongement par le psychisme ne seraient-ils qu'une addition de réflexes, comme le pensait Ivan Mikhaïlovitch Setchenov (1829-1905) (Les actions réflexes du cerveau, 1863) ? En effet, les réflexes simples, comme la rétraction de la patte chez la grenouille décapitée, ressemblent à un comportement de fuite. Ceci est un exemple d'un « arc réflexe » élémentaire initié par un neurone sensoriel situé dans la racine dorsale du nerf rachidien. Il reçoit l'excitation de la périphérie provenant de récepteurs dans la peau et transmet l'influx localement à un neurone moteur situé dans la moelle, lequel agit sur les muscles à l'extrémité de son axone (Figure 10). Où et comment intervient la volonté qui implique un contrôle ? C'est encore Setchenov qui découvre que les centres supérieurs situés dans le cerveau ont un effet inhibiteur sur la moelle, donc peuvent constituer une source de contrôle sur les effets des réflexes. Ivan Pavlov (1849-1936) suit Setchenov et fait entrer dans le concept de réflexe des activités intégrant les agents extérieurs, odorat ou vision. Ses fameux réflexes conditionnés intégrant ces agents dans le circuit viennent s'ajouter aux réflexes innés et, en tant qu'éléments des relations de l'organisme avec son environnement, on peut considérer qu'ils participent à la survie et sans doute à l'évolution. En effet les circuits complexes impliqués dans les réflexes conditionnés correspondent à des comportements de la vie quotidienne et de la survie des organismes.

Le cerveau est aussi étudié pour lui-même dans sa structure et son fonctionnement. En 1747, La Mettrie avait fait scandale et dut trouver refuge auprès du roi de Prusse Frédéric II quand il publie *l'Homme-Machine*, livre dans lequel il déclare que le cerveau n'est pas le siège de l'âme mais un organe comme les autres, responsable par son activité non seulement des actions mais aussi des sentiments et de la pensée. La complexité structurale de l'encéphale, avec ses différents composants étagés entre la moelle épinière et l'écorce cérébrale, est peu à peu dévoilée au cours du 19e siècle. On reconnait l'importance de cette écorce plissée qui recouvre les hémisphères cérébraux, le cortex, et son exploration, d'abord par la dissection avec Franz Joseph Gall (1758-1828) puis par la stimulation électrique, autant que par l'observation des conséquences des lésions qu'elle peut subir révèle la répartition de territoires répondant à divers ensembles d'actionneurs. Ceci a permis d'ajouter un étage supérieur, siège de la commande, dans le schéma général du mouvement. On a pu tracer les voies par lesquelles les neurones de la motricité situés dans le cortex envoient leurs axones à la périphérie, formant ce qu'on appelle la substance blanche jusque dans la moelle épinière. La voie la plus directe est nommée cortico-spinale ou pyramidale. Leurs fibres se partagent en deux lots au niveau de la moelle, une majorité passant du côté opposé, ce qu'on appelle une décussation, formant dans la moelle le faisceau cortico-spinal latéral et se terminant dans la corne antérieure (ventrale) de la moelle épinière. Là se situent les seconds neurones moteurs qui prennent le relai et gagnent le membre par la racine ventrale du nerf rachidien. Les messages nerveux passant par ce faisceau sont impliqués dans les mouvements fins de l'extrémité du membre, main et doigts. Les fibres qui ne croisent pas se distribuent finalement des deux côtés et sont responsables du mouvement de la base du membre et de l'axe vertébral. Une deuxième voie est indirecte, car les axones provenant de neurones corticaux gagnent de grands neurones situés dans le *noyau rouge*, une concentration cellulaire située à la base du cerveau moyen ou ganglions de la base, d'où le nom de voie rubro-spinale (ruber : rouge en latin). Une autre voie bien individualisée est celle qui partant des aires motrices du cortex participent à la formation réticulée, une zone située entre le haut de la moelle et le thalamus, où des échanges ont lieu entre le cervelet et les noyaux du tronc cérébral. Cette voie est considérée comme une ancienne structure associée aux mouvements involontaires. La formation réticulée est une sorte de carrefour pour des informations sensorielles. Enfin, la voie vestibulo-spinale latérale, entre les récepteurs de l'oreille interne et la moelle, intervient dans le contrôle de l'équilibre par son action sur les muscles du tronc. En fin de compte, tout ramène à la source : les neurones situés dans le cortex cérébral. Il s'agit d'une catégorie particulière de cellules nerveuses. On a mis deux siècles pour comprendre la structure et le fonctionnement de ces cellules. Tout est parti de l'idée d'une transmission *hydraulique* entre le cerveau et les muscles avec Descartes jusqu'à ce que von Haller (1708-1777) démontre que les nerfs ne sont pas des tubes mais sont irritables par un contact mécanique, puis la stimulation électrique avec Galvani en 1791. Il est ensuite précisé par Alexandre von Humboldt (1797) que le muscle est lui-même source d'électricité lorsqu'il se contracte (Expériences sur le muscle et la fibre nerveuse excités, avec des conjectures sur le processus chimique de la vie dans le monde animal et végétal*)*. L'unité cellulaire du système nerveux, le neurone, est décrite : le corps cellulaire se prolonge par une fibre, l'axone, et c'est le long de ce prolongement isolé par une gaine de myéline que circule un influx. Les nerfs résultent de l'assemblage d'axones. On a pu étudier la mise en place des nerfs au cours du développement du poisson zèbre et du poulet. Ce sont des axones *pionniers* qui en poussant leur cône de croissance vers leur cible musculaire sans se tromper, définissent un champ dorsal et ventral. Ces trajets initiaux déterminent ceux des nerfs. Par ailleurs, les modalités de propagation de l'influx nerveux ont été analysées et la transmission depuis un axone jusqu'aux fibres musculaires, au niveau d'une jonction particulière nommée synapse, sera démontrée avec le mécanisme physico-chimique qui en est responsable. En effet, l'influx déclenche dans l'espace synaptique la sécrétion d'un médiateur chimique, l'acétylcholine, qui stimule la dépolarisation de la membrane musculaire, et amorce ainsi la contraction du muscle.

Ce sont les procédés de coloration par le nitrate d'argent de préparations microscopiques mis au point par Camillo Golgi (1843-1926) qui ont permis d'y voir clair dans le fouillis de l'écorce cérébrale. Franz Joseph Gall avait déjà montré par des dissections fines que des faisceaux en partaient, mais les corps cellulaires, les neurones étaient inconnus. Ils ont été décrits par Ramon y Cajal (1852-

1934). A partir des minutieux dessins reproduisant ses préparations microscopiques il décrit les relations entre les neurones, responsables des réseaux complexes. Il fut le premier à supposer que ces réseaux de synapses étaient à l'origine de la mémoire en emprisonnant dans leurs circuits les informations qui y entrent. Le physiologiste allemand Emil du Bois Reymond (1818-1896) décèle que l'influx nerveux s'accompagne d'une onde de négativité électrique, la propagation d'un potentiel d'action, et en 1848 von Helmholtz mesure la vitesse de propagation de l'influx. L'influx n'a pas la vitesse du courant électrique. Ce phénomène de polarité est dû à la différence de concentration du sodium et du potassium sous forme ionisée (Na^+, K^+) de part et d'autre de la membrane du neurone. Il y a plus de sodium ionisé à l'extérieur de la cellule et dix fois plus de potassium à l'intérieur. La perméabilité sélective de cette membrane formée de deux couches de phospholipides percée de petits canaux laissant passer le Na^+ crée la dépolarisation qui est à la source de l'influx (Hodgkin and Huxley, 1952). Le phénomène s'effectue selon une période définissant une oscillation spontanée (Evans and Graham, 1989), comme une minuscule pompe dont l'énergie est fournie par la liaison phosphorique du système universel ATP-ADP. L'hydrolyse de l'ATP (adénoside triphosphorique) en ADP libère de l'énergie grâce à l'intervention d'une enzyme, l'ATPase. La reconstitution de l'ATP se fait par la consommation de glucose qui est le combustible dans ce cycle où intervient l'oxygène. C'est pourquoi le fonctionnement sans interruption des neurones du cerveau coûte très cher à l'organisme. En effet le cerveau consomme 20 % de l'oxygène total de l'organisme, ce qui explique sa sensibilité aux accidents vasculaires qui interrompent la fourniture d'oxygène par les globules rouges.

L'écorce cérébrale est constituée par la superposition de plusieurs couches de neurones. On estime que 80 % des neurones du système nerveux central y sont présents. L'emploi de plusieurs moyens de coloration par Theodor Meynert (1833-1892) a permis d'établir une cartographie structurale du cortex, son architectonie, qu'il a été ensuite possible de relier à la fonction principale de chacune des aires identifiées à sa surface (Penfield, 1937, 1957). En 1909, Korbinan Brodman (1868-1918) a défini 52 aires dont la nomenclature est toujours en usage. Depuis la surface jusqu'aux régions centrales où toutes les fibres sont groupées et forment la substance blanche, on distingue 6 couches selon la dimension et la densité des corps cellulaires et leurs dendrites. On a pu compter le nombre de neurones par unité de surface. Il est constant chez les mammifères ; c'est la surface qui varie par son plissement plus ou moins prononcé aboutissant aux circonvolutions compliquées chez l'être humain. Les neurones de chacune de ces couches ont non seulement des relations par leurs axones descendants, mais ils entrent en rapport avec leurs voisins immédiats par les dendrites qui émanent des corps cellulaires. On a pu évaluer entre 10^{14} et 10^{15} le nombre de synapses dans le cortex. Voilà qui donne une idée des capacités de commutation dans la simple écorce cérébrale !

Entrent des influx sensoriels par l'intermédiaire du thalamus où s'effectuent les relais, mais aussi des influx provenant du cortex lui-même par des fibres d'association. Devant une telle complexité structurale, comment identifier des zones du cortex dévolues à des fonctions ? Ceci a été possible grâce à deux approches. La première est celle de l'étude des lésions cérébrales et des handicaps en résultant, à la suite d'accidents et de blessures. Un pas décisif a été franchi par Paul Broca (1824-1880) par son étude d'un malade qui avait perdu l'usage de la parole (aphasie). Au décès du malade, Broca procéda à l'examen du cerveau et trouva une lésion à la portion moyenne du lobe pariétal de l'hémisphère gauche. L'aphasie et son équivalent l'apraxie, perte de la capacité à conduire une action, un mouvement volontaire, un geste du quotidien, ont été parmi les handicaps les plus étudiés. Cependant, cette approche est une méthode indirecte dans la recherche des causes et beaucoup d'incertitude subsiste en raison d'observations parfois contradictoires. C'est la seconde approche, celle-ci expérimentale, qui apporta un peu plus de lumière. D'une part, les physiologistes ont compris que l'électricité produite par le fonctionnement des muscles et des nerfs pouvait être captée, amplifiée et utilisée dans la compréhension du fonctionnement de tout le système. D'autre part, les communications entre neurones étant assurées grâce à des substances chimiques, celles-ci peuvent être utilisées comme révélateurs des relations entre secteurs, en microscopie optique et électronique. Enfin, les activités cérébrales correspondant à des actions ont pu être directement visualisées par les procédés non invasifs de l'imagerie médicale fondée sur des phénomènes physiques. L'IRM, résonance magnétique nucléaire, permet d'obtenir des images très précises des tissus dans un organisme vivant. La magnétoencéphalographie qui capte directement le champ magnétique résultant de l'activité cérébrale, et donne la localisation des parties impliquées dans diverses fonctions ; la tomographie par émission de positrons (TEP) procure une image des neurones actifs au cours d'actes. Les résultats expérimentaux et cliniques ont obligé à l'abandon des cartographies dérivées des intuitions de Gall, finies les localisations correspondant à des zones structurales, à un étiquetage des fonctions. La présence de réseaux non seulement entre les différents étages de l'encéphale mais aussi au niveau du cortex lui-même révèle un système de connexions réciproques beaucoup plus compliqué qu'on l'imaginait, mais aussi plus flexible, susceptible de réajustements, de restauration après des lésions. Dans la compréhension du fonctionnement cérébral, les réseaux de fibres paraissent donc plus essentiels que les concentrations localisées de corps cellulaires.

L'automate qui est en nous

Le rôle de tout cet édifice dans le mouvement, cortex, centres de la base, cervelet, moelle à laquelle se connectent les voies sensorielles, et les circuits les unissant, ont semblé mis en question par la découverte que la locomotion, ou du moins les mouvements qui la caractérisent, peuvent se manifester hors de la relation avec le cerveau. Il ne s'agit pas seulement d'activités maintenues très temporairement, depuis longtemps connues après décapitation d'animaux de basse-cour, mais du maintien du rythme et de la coordination du mouvement de l'axe vertébral, et chez les tétrapodes des quatre membres. L'expérimentation électrophysiologique a été conduite de la lamproie, agnathe dont on a vu le caractère ancien, jusqu'à des petits mammifères, ce qui a permis de découvrir l'existence d'un automate logé en nous (Figure 11). Bien que les Agnathes et les Gnathostomes aient évolué séparément depuis 400 millions d'années (Figure 2), il y a identité de contrôle des unités oscillantes distribuées le long de la moelle épinière. Ces unités ont reçu le nom de *Central Pattern Generators* (CPGs, Wilson, 1961).

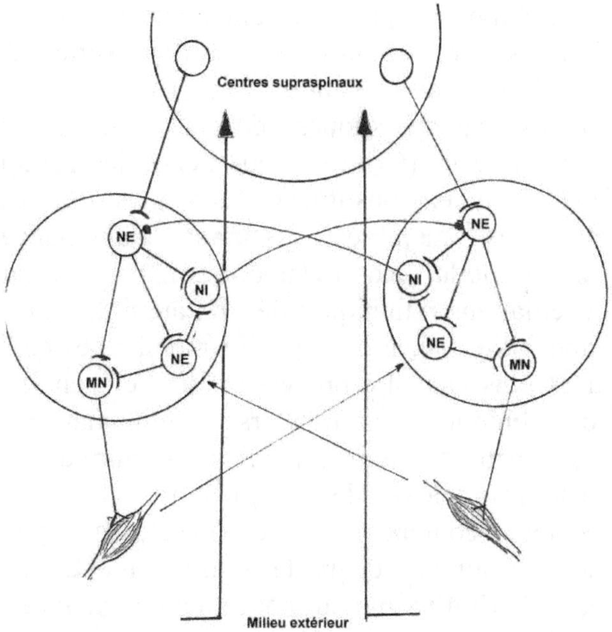

Figure 11

Chaque hémi-CPG comporte les motoneurones (MN) situés dans la corne antérieure de la moelle épinière, déclenchant la contraction de muscles. Ils sont activés par des neurones excitateurs (NE) dont l'activité est freinée par les neurones commissuraux à fonction inhibitrice (NI) qui interviennent dans l'action alternée entre les deux côtés. L'état de contraction des muscles constitue une information reçue en retour par les centres excitateurs. Enfin les diverses informations sensorielles remontent vers les centres supraspinaux jusqu'au cortex cérébral. L'automate est ainsi surveillé à chaque instant de l'action qu'il déclenche.

On a même retrouvé ce système autonome sur des préparations de moelle isolée maintenues dans un liquide nutritif. Tout démarre de l'activité spontanée et rythmique de motoneurones situés dans la corne antérieure. Ils constituent de chaque côté des hémi-CPG reliés par une commissure de neurones au rôle inhibiteur (Figure 11). Ainsi les activités opposées (antagonistes), flexion et extension des membres ou flexion de l'axe vertébral, sont alternées d'un côté à l'autre. Ceci est la source des mouvements caractéristiques de la nage et de la locomotion terrestre (Grillner, 2003). Chez les Tétrapodes, des CPG distincts constituent des unités dédiées aux segments des membres, assurant l'alternance de l'extension et de la flexion (Jamon, 2011). Le mécanisme de ces oscillations rythmiques dépend aussi des propriétés de perméabilité sélective de la membrane cellulaire expliquées plus haut. Le processus est déclenché par des médiateurs chimiques particuliers, le glutamate activant dans les synapses d'autres médiateurs chimiques. Très grande est la complexité de l'automate incluant la réaction des récepteurs contenus dans les muscles envoyant des modulations selon leur degré de contraction et d'étirement qui résulte de l'influx moteur par le jeu des motoneurones gamma. Pour tenter de saisir cette complexité, il a été nécessaire d'employer la simulation numérique (Hellgren *et al.,* 1992). Cet automate est bien sûr surveillé et surtout intégré dans le milieu ambiant ! Les contraintes du milieu et de manière plus générale les divers facteurs de l'environnement, physiques et biologiques, qui sont instables et imprévisibles, nécessitent un contrôle et des réajustements de l'automate par les centres nerveux situés au-dessus de la moelle (Dietz, 2003). Il y a d'abord une concentration de neurones dans les noyaux à la hauteur du tronc cérébral appelée MLR (Mesencephalic Locomotor Region) qui intervient directement sur les CPG par la voie reticulo-spinale en modifiant la vitesse d'exécution. On retrouve ainsi les voies vestibulo-spinale et réticulo-spinales impliquées dans le contrôle des mouvements de l'axe vertébral et la posture de tous les vertébrés. Apparues plus récemment au cours de l'évolution, les voies rubro-spinale et cortico-spinale, interviennent dans le contrôle de la musculature périphérique des membres et le mouvement volontaire. On a pu préciser que la modulation des fléchisseurs dépend des réseaux centraux et celle des extenseurs du réseau des informations périphériques (la proprioception). Mais l'histoire évolutive est venue modifier les circuits de cet automate ancien, en relation avec les transformations de la géométrie de la machinerie. Ainsi, les membres antérieurs ont perdu dès le Crétacé, et dans plusieurs lignées de tétrapodes, tout rôle dans la locomotion terrestre au profit de modalités de la bipédie permanente. Toutefois, la coordination croisée des quatre membres a souvent été maintenue ; ainsi dans sa marche l'être humain balance ses bras et meut ses jambes comme un quadrupède au trot, le bras gauche avance en même temps que la jambe droite, ce qui est d'ailleurs utile pour le maintien de l'équilibre dynamique par une variation opposée des moments d'inertie. Nos bras jouent un rôle dans notre marche. Le CPG est sans doute à la base du maintien de cette coordination (Zehr *et al.*, 2004). En revanche, dans le vol battu des oiseaux et des chauves-souris, comme dans la nage des grandes tortues marines, les antérieurs sont synchrones. La totalité de la puissance des muscles qui assurent la poussée sur le fluide, eau ou air, est ainsi développée et le centre de masse est maintenu stable sur la trajectoire dans le fluide. Des exceptions nous éclairent sur les capacités de flexibilité du système. Ainsi, lorsque le poussin de l'Hoazin, oiseau des forêts amazoniennes, tombe de son nid dans l'eau du marécage dans lequel il vit, il remonte en employant les griffes de ses ailes (restes des deux premiers doigts) pour s'accrocher aux branchages par des mouvements alternés. De même, les nouveau-nés des tortues caret et caouanne, quand ils courent sur le sable vers la mer après l'éclosion, emploient aussi des mouvements alternés des membres antérieurs. Ils deviennent synchrones dans la nage dès qu'ils atteignent les vagues. C'est aussi le cas du manchot empereur quand il se déplace sur la glace en glissant sur le ventre à l'aide des mouvements alternés des nageoires. Les circuits fondamentaux sont donc toujours présents et peuvent être réactivés en fonction des circonstances à partir des informations venues de la périphérie. (Abourachid *et al.*, 2019)[1].

Le fossé à franchir : du mouvement au geste

Nous disposons donc de la compréhension du support d'organisation qui assure le mouvement coordonné de la chaine articulée, bras prolongé par la main, mécanisme mis au point depuis nos lointains ancêtres tétrapodes. Mais il subsiste un fossé inconnu, celui qui sépare le simple mouvement du geste. En effet, il nous faut reconnaître une dimension tout à fait nouvelle, cette fois d'ordre qualitatif, qui transforme le mouvement en geste.

Le mouvement qui intervient dans la locomotion, si complexe soit-il, est spontané. En revanche, le geste est intentionnel, c'est un mouvement élaboré qui a une valeur sémiotique. Il y a derrière lui un message, un signe, la transmission d'affects. Sur les fondements de mécanismes organiques émerge un phénomène qui relève du psychique, se prolongeant dans le domaine du comportement, débouchant dans celui des rapports entre individus au sein des communautés. Dans la démarche de compréhension de ce phénomène, il convient de choisir un modèle simple. En passant en revue les gestes élémentaires employés dans la vie quotidienne, il en est un

---

[1] « The quadrupedal coordination may be the expression of the conservative nature of the central nervous system, with a basic interneural network reactivation in response to proprioceptive feedback, driven by the contact of the claws to the substrate ».

qui s'impose par sa généralité : le pointage par l'index. Acte simple, il est sans doute primitif et constitue un pont entre l'individu et le monde que représente un élément extérieur, objet ou personne. Ce geste repose aussi sur l'association entre la machinerie musculosquelettique et la vision, entre le domaine moteur et le domaine sensoriel. En 2006, Céline Darmon a effectué dans le cadre de sa thèse une étude modèle du geste de pointage quand il est guidé par la vue. Son protocole de base consistait dans le pointage volontaire d'une cible qui était soit fixe, soit aléatoirement déplacée au début du mouvement. Les sujets étaient soit naïfs, soit expérimentés, en particulier des escrimeurs de haut niveau. Les activités cérébrales étaient enregistrées par IRM fonctionnelle. Les résultats renseignent non seulement sur la flexibilité des circuits neuroniques et des zones responsables, mais aussi sur l'importance de circuits de contrôle et de correction intervenant pendant l'exécution du geste, ce qui implique des réseaux d'interconnexion entre centres moteurs et centres visuels. Même au-delà de la simple connexion, il s'agit d'un processus d'association aboutissant à la représentation de l'organisme, un modèle mental des parties du corps par l'imbrication entre perception et action. Berthoz écrit à ce sujet (1997) : « la perception n'est pas seulement une interprétation des messages sensoriels, elle est contrainte par l'action, elle est simulation interne de l'action, elle est jugement et prise de décision, elle est anticipation des conséquences de l'action. ». Preuve de la plasticité du système, les aires repérées par l'IRM ne sont pas identiques chez les novices et les experts. Les premiers, moins performants quand la cible est déplacée aléatoirement au cours du pointage, mobilisent surtout les aires motrices et sensorielles primaires, tandis que chez les experts ce sont les aires d'intégration sensorimotrices de plus haut niveau qui sont sollicitées (cortex pariétal et prémoteur, structures sous-corticales et cérébelleuses). Ceci révèle l'importance d'une mémoire complexe liée à l'entrainement, associant vision et motricité dans des schémas internes. Les neurones responsables ne sont pas confinés dans une aire corticale mais sont répartis dans plusieurs aires reliées par des connexions réciproques. De plus, les informations sur lesquelles se fonde la représentation mentale combinent les références sensorielles et les références motrices. A l'aide d'un organigramme on peut approcher la réalité des circuits correspondant à toute action intentionnelle intégrant l'organisme dans son environnement. Toute action est l'objet d'une représentation distribuée sur plusieurs niveaux (Jeannerod, 1983). Les premières formulations de ces circuits intégrant perception et action ont été inspirées par les travaux de Nicolai Alexandrovich Bernstein (1896-1966) qui a suivi l'exemple de Etienne-Jules Marey (1830-1904) dans l'étude graphique des mouvements. Les travaux considérables de ce chercheur russe sont fondés sur l'hypothèse que l'enregistrement des mouvements, en permettant l'analyse de leurs composantes mécaniques, devrait conduire aux schémas de contrôle des chaînes articulaires par le système nerveux. Cette approche, qui part de l'action pour remonter à la commande et la résumer à sa mathématisation, est très fructueuse (Biyukova & Sirotkina, 2020). Elle a guidé les neurobiologistes de l'action (Berthoz, 1997). Plusieurs gestes ont fait l'objet par Bernstein de la méthode graphique dans diverses conditions, afin d'obtenir une *cyclométrie* que Marey nommait *chronophotographie géométrique*, par laquelle degrés de liberté et moments des forces sont évalués à chaque niveau de la chaîne articulaire. La mise en œuvre d'un marteau jusqu'à l'interprétation musicale par le piano et le violon ont été ainsi le sujet des travaux de Bernstein, avec l'objectif d'optimiser ces gestes (Figure 12). Il en a déduit l'idée fondamentale que des circuits permanents associent les afférences, la perception du monde extérieur l'image du corps contenu dans une mémoire interne et les messages de commande provenant des centres. La correction immédiate de l'action, face aux imprévus du contexte, résulte de l'existence d'un *comparateur* entre la copie de la commande et les informations afférentes. Bernstein se place dans la perspective darwinienne d'une efficacité accrue face à la sélection naturelle et comme il le dit dans cette citation (traduite à partir d'une version anglaise) où on retrouve une pensée matérialiste proche de celle de La Mettrie : « il devient évident pour le lecteur, une fois pour toutes, absolument que toutes les qualités des manifestations de l'activité cérébrale que nous caractérisons comme émotion, passion, moquerie, chagrin, joie, etc., ne sont rien de plus que les résultats d'une plus ou moins grande contraction de quelques groupes de muscles-un acte purement mécanique, comme chacun le sait. Même le spiritualiste le plus convaincu doit admettre cela. A vrai dire, comment pourrait-il en être autrement, quand on sait qu'à partir d'un instrument sans âme la main du musicien extrait des sons pleins de passion et de vie, et que la main du sculpteur donne vie à la pierre. La main du musicien comme celle du sculpteur, en créant la vie, sont seulement capables de mouvement mécanique qui, à proprement parlé, peut même être soumis à une analyse mathématique et exprimé par une formule ».

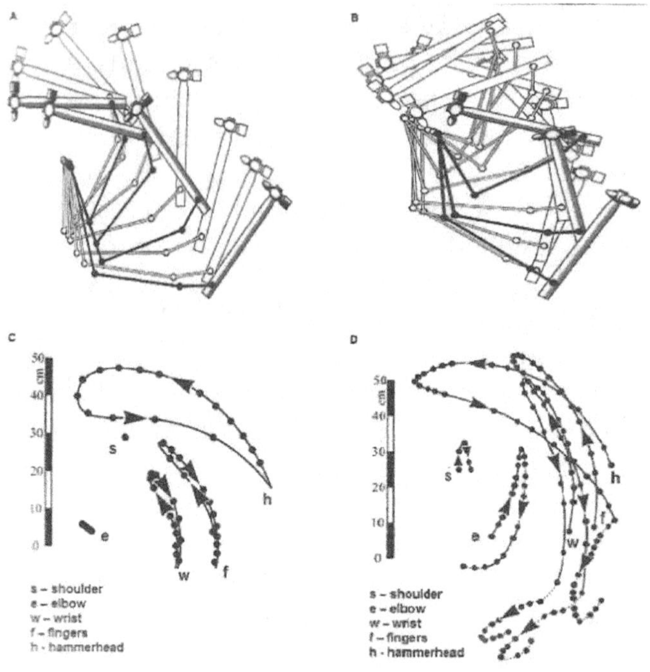

Figure 12

Figure extraite de Bernstein, 1923, (étude photographique de la biomécanique du coup de marteau), d'après Biryukova et Sirotkina (2020). A gauche, frappé avec abduction de l'épaule, à droite selon la verticale. Positions du marteau au cours du levé figuré en blanc, pendant la frappe en foncé. Et les cyclogrammes correspondants.

On comprend pourquoi cet ouvrage rencontra des difficultés à paraître dans la Russie tsariste.

Le geste s'intègre dans les moyens d'échange de messages entre humains, c'est-à-dire de signes. La sémiologie nous apprend qu'un signe se compose d'un signifiant matériel et d'un signifié mental. La gestuelle représente un signe par l'exercice dans l'espace et le temps d'une configuration du membre antérieur (supérieur). C'est le signifiant que reçoit un autre individu sur qui repose le travail mental de l'interprétation, c'est-à-dire donner une signification qui fait du geste un signifié. Ainsi la gestuelle entre dans les processus de la sociabilité propre à l'espèce humaine ; elle est un révélateur de la pensée (McNeil, 1992). Elle est souvent associée à une expression orale. L'enregistrement simultané de l'image et du son a révélé la grande complexité sémiologique des relations entre ces deux canaux d'information qui n'ont pas nécessairement le même déroulement temporel, l'un pouvant anticiper sur l'autre (Kida, 2011). Le geste peut entrer en fonction dans un discours en aidant le récepteur dans l'interprétation au cours d'échanges entre personnes ne maîtrisant pas tous les codes du langage, entre étrangers ou personnes de niveau social différent. Transmetteur d'affects, le geste a toujours été utilisé par les orateurs, ceux qui s'adressent à un ensemble d'individus assemblés, la foule, et qui doivent prendre en compte la diversité des récepteurs du message pour que la transmission soit effective. Cicéron en a donné un essai ancien dans son *De l'orateur*. Ce qui conduit, pour être efficace, à une codification des mouvements. Ils sont très largement amplifiés et rythmés, destinés à capter l'attention, susciter émotion et même à créer une fascination hypnotique. Dans son essai *Masse et puissance*, Elias Canetti (1966) a magistralement analysé les différents degrés de la codification qui conduit un individu à s'imposer à un rassemblement d'humains. Il s'attarde au cas du chef d'orchestre : « Il n'est pas d'expression plus concrète de la puissance que l'activité du chef d'orchestre. … Devant ses gestes agissent sur l'orchestre, derrière sur les auditeurs. … Pendant l'exécution, le chef d'orchestre sert de guide à la foule de la salle. Il est en tête, le dos tourné. C'est lui que l'on suit. Il fait le premier pas. Mais au lieu de partir du pied, c'est de la main. Le cheminement à l'intérieur de la musique qui est l'œuvre de sa main tient lieu de la route sur laquelle ses jambes le porteraient en avant. Il entraine la troupe entassée dans la salle ». L'observation à distance, spatiale ou temporelle quand il s'agit d'évènements filmés, suggère que la gestuelle de certains leaders politiques ressemble à celle des psychopathes. Elle s'adresse en effet au système limbique et à l'hypothalamus qui à la base du cerveau, associé au lobe préfrontal du cortex, régissent les émotions échappant en grande partie à la conscience. Au cours de ces démonstrations il semble que le *comparateur* cortical soit mis à l'écart, ce qui inhibe le processus de choix rationnel qui devrait suivre l'analyse critique des faits, évènement, ou situations. Par empirisme ou bien par l'application de techniques de manipulation où la gestuelle tient une place importante, les démagogues aguerris peuvent exercer leur pouvoir sur les foules. Lorsque les gestes sont répétés en association avec des idées d'agression, de haine ou d'adoration, ils sont mémorisés par leur pratique en miroir qu'exécutent les assistants groupés en foule. Ils sont alors encodés dans les circuits neuronaux en tant qu'images mentales du corps en mouvement. L'exécution de ces gestes symboliques au cours de rassemblements à caractère politique ou religieux relève alors de mécanismes automatiques au sein des circuits neuronaux ; ils échappent dangereusement à la conscience individuelle. C'est bien le but recherché par les individus dans certaines pratiques rituelles, aboutissant à la forme d'extase ou de transes. Mais hélas l'histoire nous apprend qu'ils conduisent aussi au fanatisme et aux actions meurtrières par le rassemblement en foules.

Geste et asymétrie

Nous avons vu plus haut que la symétrie bilatérale constitue un attribut fondamental pour les êtres auxquels nous appartenons. Ce plan qui nous partage en deux moitiés est pourtant quelque peu bouleversé au cours de la construction de l'organisme sous l'effet de contraintes physiques. Les tissus en croissance doivent se loger dans un espace limité. Chaque moitié n'est pas la stricte réplique en miroir de l'autre. Par exemple notre cœur est déporté vers la gauche dans l'espace du thorax. Cette entorse à la règle est encore plus évidente au niveau fonctionnel quand il s'agit de la commande motrice et se manifeste par la fameuse dominance du côté droit. On évalue à environ plus de 80 % le nombre d'individus qui utilisent la main droite pour effectuer des tâches requérant de l'habileté, écrire, dessiner, frapper avec un marteau, épauler un fusil, etc... La dominance est évidente, même s'il conviendrait certainement de vérifier en l'actualisant ce chiffre qui n'est probablement pas universel. Cette latéralité est étendue au membre postérieur, comme le montrent les footballeurs et à l'œil pour les tireurs à l'arc. Des études comparatives ont révélé que cette asymétrie fonctionnelle est aussi très répandue dans le monde animal (Boulinguez-Ambroise *et al.*, 2022). Chez les Primates non humains, il existe une gestuelle de communication (Pika *et al.,* 2005). Les techniques non-invasives ont permis de situer l'asymétrie de son origine cérébrale dans une spécialisation au niveau de l'hémisphère gauche en association avec des secteurs reliés à la communication intentionnelle sous la forme de vocalisations (Meguerditchian *et al.*, 2013). Il existerait ainsi un seul système de communication situé dans l'hémisphère gauche chez nous et les primates de l'ancien monde qui se manifesterait sous deux modes, gestuel et vocal. La modalité vocale aurait présenté des avantages sélectifs comme de communiquer avec un autre individu sans le voir (dans la nuit ou d'une colline à une autre). La prédominance de la modalité vocale aurait alors conduit à une évolution vers le langage articulé dans la lignée des hominidés. On avait une connaissance empirique des relations entre la latéralité et les capacités de langage. Ainsi, le roi d'Angleterre George VI qui était gaucher avait de grandes difficultés d'élocution. On attribue les troubles de l'expression orale, handicap fréquent chez les gauchers, à l'exigence qui leur a leur été longtemps faite d'écrire *comme tout le monde* de la main droite, c'est-à-dire de mobiliser leur hémisphère gauche qui est aussi chargé au moins en partie de la motricité liée au langage, alors que c'est l'hémisphère droit qu'ils mobilisent spontanément pour ces tâches. Il semble que les gestes liés à la communication soient aussi sous le contrôle de ces régions de l'hémisphère gauche, contrairement aux gestes de manipulation qui relèvent de l'hémisphère droit. Les singes tendent préférentiellement la main droite pour quémander de la nourriture, alors qu'ils utilisent indifféremment l'une ou l'autre main dans la manipulation. Cependant, comme pour tout essai de localisation cérébrale des fonctions, il subsiste beaucoup de contradictions dans les résultats et ce domaine reste très ouvert. Changeux (1983) avance la capacité d'une régulation en raison de la très grande variabilité individuelle dans l'espèce humaine

Le geste et l'humanité

Espèce sociale, tout ce qui concerne l'être humain doit être envisagé à l'échelle de l'humanité dans son étendue temporelle et spatiale. Le geste y prend sa place. Voici un geste enregistré (Figure 13), cette empreinte de main sur la paroi des grottes réalisée par nos lointains ancêtres, qui nous donne à voir au sens propre l'expression de la pensée. En effet, ce geste pétrifié révèle que son auteur avait conscience que cette main était la sienne, qu'il avait l'intention de laisser la trace de sa personne, qu'il avait conscience de son être. On ne connaitra jamais avec exactitude la signification qui se cachait derrière cet acte cognitif.

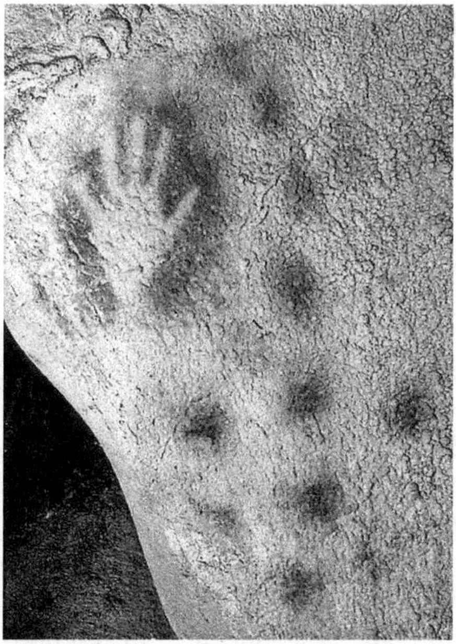

Figure 13

Main « négative » dans la grotte de Pech Merle (Lot), datant de plus de 20.000 ans.

Ces empreintes de mains sont *pensées* car l'acte qui les a produites aboutit soit à une représentation *négative* par la projection sur elles de pigment, soit *positive* par l'application de la main sur la paroi après qu'elle a été enduite de pigment. Que dire de cette sophistication que révèle l'absence de certaines phalanges sur l'empreinte par exemple dans la grotte de Gargas (Groenen, 1988) ? On a évoqué une mutilation volontaire de nature rituelle, ou bien faut-il y voir un signe traduisant la maîtrise de la mobilité individuelle des doigts permettant d'en replier certains ? Ces mains sont autant de signatures pour les auteurs de peintures et sculptures ornant ces grottes et abris sous roche. Leur fréquence au Paléolithique est étonnante quand on la rapporte à la faiblesse probable de la densité des populations humaines à ces époques. On est amené à penser que ces figurations résultent d'une pulsion créatrice générale, une forme d'ivresse dans l'expression de la personne humaine, résultat de la mise en action d'un mécanisme complexe, l'ensemble neuro-musculo-squelettique du membre antérieur, qui aboutit à ces gestes précis et maîtrisés par lesquels s'épanouissait un plaisir. Comme l'écrit Brun (1963) : « A la main échoit le rôle de donner à son propre geste une consistance grâce à laquelle celui-ci puisse demeurer dans le temps en occupant un lieu dans l'espace. Tels sont le sens et la fonction du graphism*e* ». Il était logique que cette partie du corps devienne elle-même objet de figuration, un signe vénéré, tout autant que la vulve des femmes si souvent représentée sur lesquelles reposait la perpétuation du groupe. Dans un chapitre intitulé *éloge de la main*, Focillon (1943) écrit : « La face humaine est surtout un composé d'organes récepteurs. La main est action ; elle prend, elle crée, et parfois on dirait qu'elle pense. Au repos, ce n'est pas un outil sans âme, abandonné sur une table ou pendant le long du corps : l'habitude, l'instinct et la volonté de l'action méditent en elle, et il ne faut pas un long exercice pour deviner le geste qu'elle va faire ». La main touche, et saisit. Elle se moule sur l'objet, elle en prend la forme en creux. Bachelard (1948) dit que le creux de la main est un *cogito pétrisseur*. Dans une interview récente le sculpteur Thierry Martenon déclare que dans l'exercice de son art, le toucher remplace l'œil. Douée d'une mobilité infinie, à l'extrémité du bras, la main prend possession de l'espace et du temps, car elle est source du rythme, elle dirige l'harmonie des gestes de plusieurs dizaines de musiciens dans l'orchestre. Par le geste apprivoisé, elle crée des formes dans la matière, mais elle en crée aussi dans le vide. Elle en crée même par elle-même par l'agencement de ses doigts et transmet aussi des signes. Voilà la multiplicité et l'universalité du geste par lequel la main devient véritablement une individualité.

Cette individualisation de la main résulte qu'en elle se concentre toute la puissance du geste et sa signification. Elle a une vie indépendante et peut se transformer par sa projection en ombres chinoises, elle raconte la vie de nouveaux êtres. En courant sur les instruments de musique elle déroule mélodies et rythmes, faisant naître des mondes de sensations, évoquant des formes et des couleurs dans le cerveau du récepteur, stimulant sa mémoire. En retour, elle fascine et devient une puissance surnaturelle qu'elle-même façonne en amulettes. Elle est démiurge, sur elle s'enregistre les effets des activités du temps passé, du travail dans les callosités du forgeron, et on en vient à croire qu'elle recèle les secrets de l'avenir par la chiromancie. Mais venons-en au rapport avec le langage écrit dans un livre sur l'origine de l'écriture, James Février (1948) souligne l'importance du langage gestuel chez les Chinois dont certaines figures auraient constitué les prototypes de caractères dans l'écriture. Le passage d'une communication par gestes à celle par signes graphiques paraît en effet évident. Il s'agit d'une simple transposition d'un mouvement fugace à un mouvement guidé par une surface plane et laissant une trace. La différence est l'enregistrement qui en résulte, l'intervention d'une volonté de marquer le signe dans la durée et de le transmettre avec plus d'efficacité. La proximité avec le langage se poursuit encore plus avant puisque la transcription du parler dans une écriture s'effectue par le moyen de gestes, ceux qui guident le calame, le pinceau ou la plume.

Par une abstraction qui se déplace d'un cran, on passe de la figuration d'un objet, d'un animal ou d'un évènement à des signes dont seul l'assemblage délivre un sens. Pour être utile et immédiatement reconnu le signe doit être précis ; le geste qui le produit est appris, affiné et rejoint le plaisir de la création artistique. La calligraphie en est née. *Ecrire en beauté* obéit à des règles qui changent selon les époques et les cultures. Pour aboutir à la qualité recherchée, on doit passer par la tradition. Il y a une manière de se tenir, une posture favorable et toute une maîtrise du corps nécessaire à la production d'une belle graphie qui tend à se rapprocher des arts graphiques. Les Chinois ont ainsi réalisé une fusion entre poésie, peinture et calligraphie. On est vite passé de l'écriture au tracé abstrait laissée sur le papier par le pinceau que guide un geste inspiré, comme celui du peintre Wu Zhen représentant *Bambous et rochers* en 1347 (Musée national du palais, Taipei). Cette concentration de pouvoir dans la main s'est manifestée par un retournement vers l'individu lui-même. Ne s'adressant plus aux autres et au monde en tant que support de signes, elle a été l'instrument des mouvements du spiritualisme dans l'Inde traditionnelle. Les mudras, parfois désignés comme *yoga des doigts* sont fondés sur l'idée que la main est le canal pour l'énergie circulant dans l'organisme. Les différentes figures réalisées par la position des doigts correspondraient à l'établissement de circuits bénéfiques au sein de l'organisme (Figure 14).

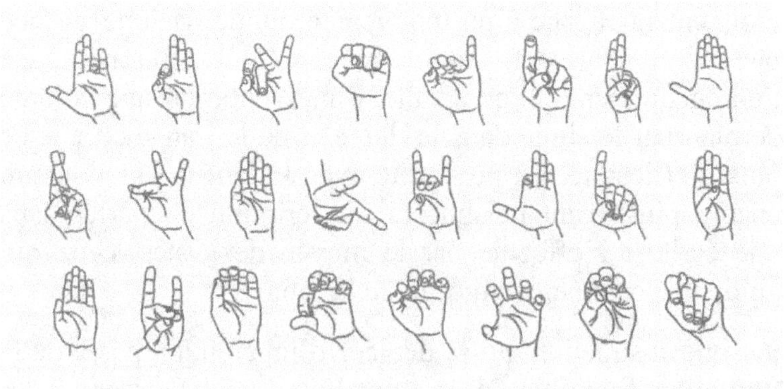

Figure 14

Catalogue de mudras

Devant une telle richesse d'actions et d'effets dans les vies individuelles comme dans la vie sociale, il semble nécessaire à présent de dresser une typologie du geste. On peut d'abord distinguer des gestes dits *indexicaux* qui dérivent directement d'un pointage par l'index, indiquant une numération ou un état temporel, *hier ou avant.* Les gestes iconiques évoquent un objet par sa forme, et les gestes *kinétographiques* une action par un mouvement mimétique. D'autres gestes sont en quelque sorte au second degré. Ils sont idiomatiques et se rapprochent du langage. Ce sont des auxiliaires du discours qui s'adresse à un partenaire pour lui faire mieux passer un message, une négation ou un refus, pour souligner, insister par la répétition. Enfin, il y a les gestes emblématiques, adressés aux foules, qui impliquent l'emphase du discours et une idéologie et sont donc des abstractions. Antonio Damasio (2003) résume, en prenant l'exemple du tableau que Rembrandt exécute en 1632 « La leçon d'anatomie du docteur Tulp », la capacité du geste à émettre un message sous une forme emboitée, au second degré : « La main droite du Dr Tulp tient les tendons avec lesquels la main gauche du cadavre bouge les doigts tandis que la main gauche du Dr Tulp montre le mouvement qu'accomplissent ces tendons. Le mystère caché derrière cette action se révèle à tous. Il nc s'agit pas d'une pompe hydraulique ou pneumatique, ce qui aurait été possible bien sûr. C'est justement là que réside la beauté de ce moment saisi sur la toile : le mouvement de la main s'accomplit par contraction musculaire et tirage associé des tendons attachés aux parties osseuses Le Dr Tulp vérifie ce qui est et le sépare de ce qui pourrait être. Une conjecture débouche sur un fait. ». On peut ajouter que tout ceci résulte du geste du peintre lui-même.

Dans sa fameuse *Apologie de Raymond Sebond*, le chapitre XII du livre II de ses *Essais*, Montaigne énumère toutes les actions rendues possibles par les mains, avec un style qui rappelle Rabelais : « Quoy des mains ? nous requerons, nous promettons, appellons, congedions, menaceons, prions, supplions, nions, refusons, interrogeons, admirons, nombrons, confessons, repentons, craignons, vergoignons, doubtons, instruisons, commandons, incitons, encourageons, lurons, tesmoignons, accusons, condemnons, absolvons, injurions, mesprisons, destions, despitons, flattons, applaudissons, benissons, humilions, mocquons, reconcilions, recommendons, exaltons, festoyons, reiouïssons, complaignons, attristons, desconfortons, desesperons, estonnons, eserions, taisons, et quoy non ? D'une variation et multiplication à l'envy de la langue ». Dans le même chapitre, Montaigne en appelle à l'antiquité pour illustrer que le geste peut entrer dans le domaine de l'abstraction : « Zenon peignoit de geste son imagination sur cette partition des facultez de l'ame : la main espendue et ouverte, c'estoit Apparence ; la main à demy serree, et les doigts un peu croches : Consentement : le poing fermé, Comprehension ; quand de la main gauche il venoit encores à clore ce poing plus estroit, Science ».

La proximité du geste et du langage est ainsi évidente. « Un certain nombre d'autres gestes nous semblent tellement naturels que nous pourrions aisément nous imaginer qu'ils sont innés, paraissent pourtant avoir été appris comme les mots du langage » écrit Darwin dans *L'expression des émotions* (1872). A tel point qu'on peut se demander si le geste n'a pas précédé le langage dans la communication entre les individus au sein des communautés d'hominidés. Dans une perspective évolutionniste la comparaison au sein des primates nos cousins les grands singes ont été sollicités. On a pu démontrer expérimentalement que les chimpanzés, tel le fameux Koko, peuvent apprendre à utiliser le langage américain des signes pour sourds, mais non les mots prononcés. Plus récemment, dans le but d'améliorer les conditions de vie de la captivité dans un Zoo, une équipe de chercheurs ont testé des essais de communication par gestes avec des Orang-outan au Jardin des Plantes de Paris (Dezecache *et al.*, 2019). Chez l'humain, une étude longitudinale s'étendant sur six années a montré que la capacité à pointer de l'index à l'âge de 1 an prédit l'aptitude au langage à cinq et six ans. La compréhension du geste iconique à trois ans est aussi corrélée avec la facilité langagière vers cinq à six ans. On pourrait ainsi reconstituer la généalogie du geste, depuis ses lointaines origines chez les hominidés, en associant son apparition progressive chez l'enfant et l'identification des invariants dans toutes les cultures, ce qu'avait tenté Darwin dans sa remarquable enquête (1872).

Ainsi, compléments ou substitut aux signaux sonores et modulés, cris et chants, la gestuelle peut atteindre la même précision, les mêmes nuances, ouvrant tout un champ d'expression esthétique ou religieuse. La peinture de toutes les époques regorge d'exemples de signaux délivrés par les mains, parfois très ambigus. C'est le cas de la figure centrale des trois grâces de Cranach (1472-1553) qui en cherchant à dissimuler son sexe par un voile transparent, ne fait qu'attirer le regard par le geste si bien esquissé. L'histoire des arts nous apprend que l'objectif était moral. Toutefois, l'ambiguïté du geste nous interroge et l'interprétation qu'on peut en faire aujourd'hui pose un problème.

Vers un vocabulaire du geste

Entre 1975 et 1977, Desmond Morris et ses collaborateurs (Morris *et al.*, 1979) ont réalisé une enquête auprès de 1200 personnes dans 40 localités en Europe. L'ouvrage est très richement illustré et documenté dans le passé et le présent. L'objectif était de cerner l'usage et la signification de 20 gestes sélectionnés. A côté du *bras d'honneur* bien connu et d'autres, les auteurs ont retenu des gestes fondés sur le positionnement des doigts formant des figures, parfois en association avec des parties de la face ou l'orientation de la tête. Chaque geste a fait l'objet d'une analyse, d'une recherche sur ses origines et d'une cartographie montrant leur répartition géographique. Les auteurs ont pris comme test le geste qui consiste à pointer l'index sur la tempe. Il a d'emblée révélé des difficultés en offrant des interprétations contradictoires. En effet, il peut signaler l'insanité d'un propos ou la démence d'une personne, ou bien au contraire sa haute valeur intellectuelle. Il paraît donc que le sens d'un geste, comme dans le langage, dépende du contexte. Il n'est pas facile non plus de retrouver l'origine des gestes. Il n'en existe pas beaucoup de représentations graphiques ou de sculptures anciennes et antiques, et le plus souvent les personnes interrogées ignorent l'origine du geste qu'ils pratiquent. A propos du *pied de nez*, les auteurs en ont cité une description savoureuse dans Rabelais, lorsque Panurge fait une joute de gestes avec un citoyen anglais. C'est un geste de moquerie sans conteste, mais pourquoi cette forme précise ? Les variantes récoltées dans toute l'Europe révèlent la constante de l'association du nez, le plus souvent son extrémité, et d'une ou des deux mains dont les doigts écartés forment un éventail. Il semble que le but soit de produire une figure grotesque par un allongement du nez. Ce geste est remarquablement répandu avec le sens de moquerie adressé à l'interlocuteur, et pourtant rien ne permet d'en trouver l'origine ni l'ancienneté. Après son succès auprès des enfants, il semble qu'il tend à disparaître. Un autre geste quasi emblématique de la vie italienne est aussi passé au crible. C'est celui où les doigts sont groupés par les phalanges terminales et dressés vers le haut. Sa signification est étonnamment variée, parfois entre des localités assez proches, autour d'un questionnement : *Cosa vuoi, cosa fai* ? Mais cette interrogation peut dériver soit vers un reproche, voire une insulte en réponse à un comportement dangereux, ou bien au contraire vers un réconfort, *tout va bien*, comme à Corfou situé à 110 kilomètres seulement de Tarente où il équivaut au contraire à une insulte. En Espagne il désigne la présence d'une grande quantité, et en France plutôt une crainte. Le geste est-il donc une forme peu précise de communication ? Ou bien au contraire, est-il susceptible de nuances d'origine culturelle, avec des emprunts possibles au cours de l'histoire et des déplacements de populations (De Jorio, 2000) ? Ainsi la colonisation grecque du sud l'Italie et de la Sicile pendant des siècles se retrouve dans la répartition du hochement de tête dans l'expression de la négation. On peut même y ajouter la Bulgarie que Desmond Morris n'avait sans doute pu visiter, où ce geste est tout d'abord déconcertant pour un Français qui peut commettre l'erreur de l'interpréter comme une affirmation. Il ressort de cette recherche d'un vocabulaire de gestes que la plupart des origines plausibles sont à chercher dans le renforcement du discours et sa substitution. Le geste abrège et remplace au besoin le langage, mais un même geste peut envoyer des signaux très différents selon les cultures locales et que seuls les habitants sont capables de saisir, ce qui peut entraîner de sérieux malentendus. Le simple cercle formé par la réunion du pouce et de l'index souvent associé au vocable OK, peut devenir une injure à caractère sexuel en évoquant l'orifice anal, ou bien encore affirmer un zéro, la nullité.

Plusieurs études ont porté sur les corrélations entre gestes et discours pendant une interaction (voir Cosnier, 1982 ; 2005) en utilisant l'enregistrement simultané de l'image et du son. Malgré les difficultés pour établir les correspondances entre messages auditifs et messages visuels, il est possible de dégager une typologie et une terminologie nécessaire pour la comparaison entre cultures en utilisant des codes (Tellier *et al.*, 2011). Le geste paraît nécessaire dans l'affirmation du langage, souvent sous forme métaphorique en mimant la chose ou le concept. Il était considéré comme lié à la rhétorique depuis l'antiquité, d'où le caractère *quasi-linguistique* que nous avons signalé. Mais il peut alors fonctionner seul dans certaines circonstances, dans une ambiance bruyante empêchant la communication vocale, ou par désir de communiquer un secret. Il existe aussi des gestes de ponctuation, les *bâtons*, et des gestes sans but communicatif, considérer comme des *adaptateurs*, grattage de nez, croisement des jambes, position des pieds, prise d'une cigarette. Ils n'en sont pas moins à valeur sémiotique, et peuvent orienter un diagnostic médical ou policier. La complexité des exemples conduit à révéler l'existence d'un langage non-verbal, fonctionnel et autonome tel que celui qu'utilisaient les Indiens des plaines nord-américaines, et le langage spontané que pratiquent les sourds, connu depuis l'antiquité. Là résiderait la preuve que ce langage a précédé la communication orale, le langage parlé, chez les hominidés.

Une forme particulière de gestes signifiants est représentée dans la liturgie des religions. Ainsi, dans la religion catholique, tremper les doigts dans l'eau bénite est un rappel du baptême, se frapper la poitrine à la hauteur du cœur signifie sa repentance et se signer devant l'évangile en se touchant le front, les lèvres et la poitrine, veut dire que l'on est prêt à recevoir la parole de Dieu. Dans l'Islam, la parole et le geste sont liés au cours de la prière et les ablutions sont finement codées. Le geste est aussi le véhicule d'un récit. Partout dans le monde et donc dans l'histoire humaine, on a utilisé la danse et des gestes savants pour raconter des histoires, profanes ou sacrées, s'adressant aux sens de la vue et de l'ouïe pour établir communication et communion au sein des groupes, depuis les cérémonies des chasseurs-cueilleurs jusqu'au public des grandes salles des opéras. L'ensemble du corps est souvent sollicité et entre dans le jeu, le membre inférieur devenant un associé pour la main. A cet égard, on peut remarquer que la naissance du cinéma et le développement de son langage fondé sur l'ordre de succession des images, le montage, a effacé en partie le rôle du geste en employant le plan rapproché et le gros plan, deux choix de représentation de l'image qui déplacent le signe en le concentrant sur le mouvement du visage et des yeux.

Mais il y a aussi toute une catégorie de gestes qui ont accompagné et façonné l'histoire de l'humanité. Ce sont les gestes par lesquels la main, commandée par le cerveau, a exercé sa maîtrise sur le monde matériel, les gestes de l'*Homo faber*. Leroi-Gourhan (1943, 1945, 1967) a magistralement exploré, décrit et compris ces mouvements qui, du Paléolithique à nos jours ont assuré la survie et l'expansion de l'humanité. Il a été le fondateur de la paléotechnologie. Fabrication d'outils permanents, de récipients, de vêtements, tout est l'aboutissement de gestes précis, contrôlés, maîtrisés qui ont été transmis au fil des générations, des migrations et des métissages. Justement, l'archéologie, dans sa recherche de notre passé, se construit sur les objets issus de ces gestes. Ces gestes dont la biomécanique paraît simple, comme *le geste auguste du semeur* évoqué par Victor Hugo dans ses *chansons des rues et des bois* (1865), ou bien le fouissage rudimentaire du sol à l'aide d'un bâton pour y trouver de la nourriture, tous impliquent un projet, des étapes pensées en anticipant le devenir. Evoquant ce qu'il nomme « tournant matériel » à la fin du 20e siècle, Viktor L. Kruptkin (2018) revient sur la pensée de Leroi-Gourhan et propose de placer les artefacts, les fabrications issues de l'activité humaine, au cœur de l'histoire de l'humanité, car ces objets révèlent le corps en action. Cet auteur écrit « Le corps est le chemin par lequel la Nature devient être humain ». En effet, Leroi-Gourhan a développé une théorie de l'hominisation par laquelle il enchaîne les origines des langages gestuel, vocal, écrit ainsi que celui de l'art, à partir de l'association entre geste corporel et pensée. Quelle stupéfiante finesse dans les actions qui produisent à partir d'un noyau minéral informe les longues lames de silex du type Levallois. Ces gestes sont indissociables de la réflexion, d'une certaine conception du monde et de la place supposée de l'être humain dans l'univers. Ce sont ceux des artisans qui aboutissent à la fabrication d'outils spécialisés et d'instruments de musique sur lesquels, comme le dit un virtuose *les doigts courent tout seuls*. Ces gestes utilitaires peuvent ensuite être pris comme symbole dans le contexte de la société, ils sont valorisés, devenir même l'objet d'une figuration emblématique. Ils sont l'objet de représentations, rythmant les récits figurés des mythes qui assurent la cohésion des sociétés.

L'avenir du geste

Aujourd'hui beaucoup d'occasions pour utiliser le geste dans les relations entre individus sont remplacées de manière minimale par l'action alternée des pouces sur un petit clavier. Il nous reste ceux qu'accompagnent le discours transmis par les images de la télévision, encore sont-ils particulièrement pauvres, répétitifs parce que formatés. Quant à ceux qui sont par nature très spécialisés, comme les gestes du chirurgien, ils sont de plus en plus remplacés par des robots programmés et pilotés à distance.

Heureusement, dans deux domaines le geste a conservé toute sa variété et sa capacité de performation, il s'agit de celui du sport et celui de l'art (Figure 14). « L'artiste qui coupe son bois, bât son métal, pétrit son argile, taille son bloc de pierre maintient jusqu'à nous un passé de l'homme, un homme ancien, sans lequel nous ne serions pas. N'est-il pas admirable de voir debout parmi nous, dans l'âge mécanique, ce survivant acharné des âges de la main ? » (Focillon, 1943).

Cependant, à l'ère numérique, le geste conserve encore toute sa puissance sémiotique. Il s'agit aujourd'hui de mettre au point les logiciels capables de reconnaître et de comprendre les gestes (Hand gesture recognition, HGR) au cours de l'interaction avec un ordinateur (Human computer interaction, HCI). Les premières applications de ces systèmes de reconnaissance ont été développées par exemple en Chine dans les recherches sur la circulation des véhicules automatiques qui seront plongés dans un trafic contrôlé par des agents de la circulation. Il s'agit de faire reconnaître l'injonction émise par l'agent en termes de direction ou de contrôle de la vitesse (marche-arrêt) par le

Figure 15

Héraclès archer, 1909, Antoine Bourdelle (1861-1929), musée Bourdelle. Le geste est ici représenté comme le prolongement de l'action de tout le corps. C'est la traduction plastique des attributs du geste, acte parfaitement contrôlé par le système sensori-moteur.

système automatique de lecture. Le principe repose sur l'enregistrement du mouvement et la comparaison avec une *histoire en images du mouvement* (Motion History Image) dans la mémoire de l'ordinateur, une sorte de catalogue servant de référence. La difficulté est d'opérer en temps réel, ce qui suppose une simplification au cours de l'enregistrement de référence, en segmentant l'image de la main et en ne retenant que les mouvements significatifs, éliminant ce qui constitue un bruit de fond. Ce principe peut être étendu à toute interaction avec une machine dotée d'intelligence artificielle. Cependant, on notera que le cœur de cette problématique reste le geste humain qu'il s'agit de reconnaître, autour duquel se greffe un arsenal d'artefacts dans la fabrication desquels la main n'est pas étrangère à un stade ou un autre du processus.

Conclusion

Incontestablement, le geste est un attribut comportemental propre à l'espèce humaine. Il est associé au fait que l'être humain résulte de sa vie en société et que comme la plupart des animaux sociaux il se nourrit autant de signes échangés avec ses congénères que d'aliments. Il a accompagné l'évolution de cette espèce sociale, laissant sur les chemins de l'histoire les traces de ses étapes, jusqu'à laisser son empreinte dans les paysages, sous la plupart des climats. Même la forêt d'Amazonie, si souvent décrite comme primaire, primitive, originelle, depuis les descriptions qu'en avait faites Alexandre Humboldt au début du 19e siècle, révèle par l'archéologie (Rostain, 2016) et par l'emploi de clichés radar les traces d'une exploitation ancienne. On a ainsi l'inscription des gestes répétés des humains dans les différents milieux naturels colonisés par les populations humaines. Cet attribut remarquable repose cependant sur deux éléments qui n'ont rien de mystérieux. Le premier est directement identifiable en ternes matériels. C'est une machinerie bien concrète faite de parties agencées de façon à produire le mouvement d'appendices, les rendant capables de parcourir l'espace environnant. Nous avons vu que cet ensemble mécanique est très ancien. Son principe est apparu sous sa forme générale lorsque les Vertébrés se sont engagés dans un mode de déplacement fondé sur la réaction d'un substrat solide, au fond de l'eau, puis sur le sol de la terre ferme. Toute la suite n'est que modifications de la géométrie de l'ensemble dans le cadre du plan que reproduit les programmes morphogénétiques, symétrie bilatérale, segmentation formant une succession de modules. Les segments des membres sont articulés en chaîne avec une opposition des angles successifs, formant un Z et assurant les échanges de forces dans le champ de gravitation. Les lignées de Vertébrés ont divergé en rencontrant des conditions variées et souvent se sont engagées dans des impasses. Il faut prendre en compte que si on considère les êtres vivants dans leur ensemble, ils n'apparaissent pas égaux face au champ de forces dans lequel ils sont plongés à des échelles très différentes, ce qui rend la comparaison très difficile. En revanche, les Vertébrés sont étonnamment homogènes, offrant des homologies multiples, même quand la forme générale apparaît très différente et l'échelle étendue, en masse de 1 à 10^3. C'est ainsi que la main, autopode du membre antérieur, se reconnait chez des formes à la fois éloignées dans la généalogie et le temps. Cette singularité a été même à la base du concept d'homologie au 19e siècle chez Etienne Geoffroy Saint-Hilaire et Richard Owen. Nous avons vu aussi que la main est dès l'origine associée à la tête et à la fonction de nutrition. Cependant sa place à l'extrémité de l'appendice articulé l'a fait entrer dans la fonction locomotrice. Plus que les autres vertébrés les Mammifères ont montré des spécialisations de cet organe en relation avec une locomotion par saisie du substrat, dans la vie arboricole. Chez les Primates, ceci a impliqué une individualisation des doigts dont se distingue le pouce chez les Hominidés avec des muscles lui assurant une grande mobilité. Sur cette base matérielle, mécanisme et dispositif automatique d'entrée en action, est venu s'ajouter un contrôle par le système nerveux au niveau des centres étagés dans l'encéphale, jusqu'au niveau de l'écorce cérébrale. Celle-ci a contenu de plus en plus de neurones en raison de son plissement chez les Mammifères. Le second élément repose sur l'organisation en réseaux assurant des échanges entre les centres nerveux ce qui introduit une dimension exceptionnelle, celle de circuits entre les entrées d'informations sensorielles, les entrées provenant des oscillateurs permanents au sein du cortex et le passage de l'influx par des centres comparateurs et de la mémoire. Tout geste est ainsi littéralement piloté pas à pas et sa trajectoire, qui paraît évidente aux yeux de l'observateur, est en réalité remise sans cesse en question (Figure 15). Ce processus d'autorégulation est rendu possible par la réafférence des messages et la plasticité cérébrale qui est capable de remodeler la connectivité entre des millions de neurones. L'étendue de cette plasticité se révèle dans l'apprentissage des gestes aussi complexes que ceux réalisés par les instrumentistes, et c'est aussi la base de l'heureuse capacité de restauration que possède le cerveau après certaines lésions sévères.

Nous avons vu que le geste humain prend sa place intentionnelle dans deux domaines principaux, d'une part la communication par signes, d'autre part la manipulation. Support de messages, le geste n'a cessé de se perfectionner jusqu'au langage par signes à l'adresse des sourds. Toutefois, on découvre aussi des mouvements servant de moyens d'échange entre individus chez les animaux, tout spécialement chez ceux dont les groupes sont organisés. L'ensemble du corps peut participer à la communication, pour attirer l'attention, soit dans un sens positif (solliciter une aide) ou négatif (repousser un intrus ou une menace). Pour accomplir cette tâche, les membres locomoteurs sont parfois détournés dans des actions de grattage du sol ou de tambourinage. Le catalogue de ces signes est loin d'être totalement documenté par les éthologues. Il est sans doute aussi riche chez les non-vertébrés ; on connait les signaux effectués par les crabes à l'aide de leurs pinces. La manipulation proprement dite est aussi fréquente, surtout chez les Mammifères dont le contrôle nerveux est mieux servi par des circuits riches. Souvent utilisée dans la prise de nourriture, pour la saisie, l'arrachage et le porté aux mâchoires, elle peut devenir un moyen indirect par l'usage d'un objet, brin de branche ou paille afin d'exploiter une ressource inaccessible directement. Cette activité peut aller jusqu'à modifier la forme de l'objet et on est alors sur la voie de la création d'un outil. De façon remarquable, certains oiseaux montrent un emploi convergent en mobilisant leur appareil du bec qui se substitue au membre antérieur transformé en aile. Ils sont ainsi capables de tisser véritablement un matériau végétal. Cependant, les nombreux exemples d'objets utilisés par les êtres non-humains dans un but précis sont l'effet de comportements qui, même s'ils ont été imités par les juvéniles auprès des parents, sont des attributs innés, sélectionnés et répétés à l'identique à chaque génération. Les objets ne sont pas saisis en dehors de leur usage immédiat. Ils ne sont pas *projetés*, ni conservés pour un emploi ultérieur. Le geste qui est à leur origine est certes encodé quelque part dans les circuits cérébraux de ces animaux, mais il reste figé, seulement prêt à être déclenché par le stimulus externe créé par les conditions immédiates. De ces gestes il ne reste aucune trace autre qu'éphémère. En revanche, les gestes des humains les plus anciens ont laissé des traces. Ce sont d'une part les outils eux-mêmes laissés sur les lieux de vie et d'autre part leur représentation figurée sur la paroi des cavernes. Le fossé franchi révèle l'existence chez leurs auteurs d'une image mentale de l'outil lui-même, et pas seulement du geste qui le produit. L'outil fait l'objet d'un *projet* indépendant des conditions immédiates qui le nécessite. Ceci révèle aussi la prise de conscience par les auteurs de leur propre existence, prenant une distance entre la réalité d'un objet, son usage et sa représentation. On peut être tenté de voir dans cette sorte de dialogue entre la main et la flexibilité cérébrale un facteur positif dans la sélection des lignées humaines. Mais qu'en est-il des gestes purement créateurs qui conduisent à l'expression artistique ? L'éthologue Desmond Morris, bien connu par son livre intitulé *le singe nu*, était aussi un peintre surréaliste. Dans les années 1950, il a convaincu un chimpanzé connu sous le nom de *Congo* à peindre des toiles, environ 400 en dix ans. Cette production a ensuite été lancée sur le marché de l'art et a même reçu l'étiquette *d'expressionnisme abstrait*. On a alors vu se répéter l'exercice avec divers grands singes. Si on écarte l'éclairage peu glorieux que ces exemples ont jeté sur le marché de l'art contemporain, car au moins une personne a réussi à vendre sous une identité humaine la production d'un chimpanzé, on se trouve devant un phénomène qui mérite réflexion. L'emblématique Nénette, femelle d'orang-outan qui tient la vedette au Jardin des Plantes à Paris depuis de nombreuses années, a aussi produit des peintures avec le matériel qu'il lui a été procuré (Bourgeois, 2020). L'objectif de cette expérience a été de soulager l'animal du stress, celui de vivre confinée tout en étant exposée au regard des visiteurs de la ménagerie. Il semble que ces animaux peignent avec plaisir ou par plaisir. On découvre par là un aspect ludique que l'on peut envisager être à l'origine de la création artistique. Ce jeu permet d'échapper aux contraintes de la réalité et on peut s'interroger sur ce qui est peut-être le signal de l'émergence d'une conscience de type humain dans les gestes de nos cousins.

Bibliographie

Abourachid, A., Herrel, A., Decamps, T., Pages, F., Fabre, A.C., Van Hoorebeke, I. Adiraens, D., Garcia Amado, M.A. (2019). Hoatzin nestling locomotion: acquisition of quadrupedal limb coordination in birds. *Sci.Adv.*2019,5 eaat0787.

Bachelard, G. (1948). *La Terre et les Rêveries de la volonté*, José Corti.

Benton, M.J. (1997). *Vertebrate Palaeontology*. Chapman and Hall.

Berthoz, A. (1997). *Le sens du mouvement*. Odile Jacob.

Biryokova, E., Sirotkina, I. (2020). Forward to Bernstein: Movement Complexity as a New Frontier. *Front. Neurosci.*, 14, 553.

Boisvert, C.A., Mark-Kurik, Ahlberg, P. (2008). The Pectoral Fin of Panderichtys and the origin of digits. *Nature (letters)* 07339.

Borelli, J.A. (1680). *De Motu Animalium.* Lugduni in Batavis.

Boulinguez-Ambroise, G., Aychel, J. Pouydebat, E. (2022). Preference in Animals: New insights into the Evolution of manual laterality in Hominids. *Symmetry*, 14, 96.

Bourgeois, A. (2020). Nénette, orang-outan de la Ménagerie et ses créations artistiques. *Revue de la BNF,* 61, 67-73.

Brown, M.A., Padian, K. (2021). The Late Cretaceous Pterosaur *Quetzalcoatlus* Lawson 1975 (Perodattyloidea ;

Azdarchoidea). *Journal of Vertebrate Paleontology*, 41, sup.1.

Brun, J. (1963). *La Main et l'Esprit*. PUF.

Canetti, E. (1966). *Masse et puissance*. Gallimard.

Cartmill, M. (1985). Climbing. In : *Functional Vertebrate Morphology*, M. Hildebrand, D.M. Bramble, Karel F. Liem, D.B. Wake (dir.). Belknap Press of Harvard University Press.

Carus, C.G. (1835). *Traité élémentaire d'Anatomie comparée*. J.B. Baillière.

Changeux, J.P. (1983). *L'homme neuronal*. Fayard.

Coates, M.I. (1994). Evolutionary patterns and early tetrapods limb. *Journal of Morphology*, 220.

Coates, M.J. (2003). The evolution of paired fins. *Theory Biosc.*, 122, 266-287.

Cosnier, J. (1982) Communications et langages gestuels. Dans : *Les voies du langage : commnications verbales, gestuelles et animales*. J. Cosnier, J. Coulas, A. Bewendonner, C. Oracchioni (dir.), Dunod, Paris.

Cosnier, J., Vaysse, J. (1997). Sémiotique des gestes communicatifs. Dans : *Nouveaux actes sémiotiques*, 52, 7-28.

Cosnier, J. (2005). « Les gestes du dialogue », La communication, Paris, Sciences humaines, p. 115-122.

Damasio, A.R. (2003). *Spinoza avait raison. Joie et tristesse, le cerveau des émotions*. Odile Jacob.

Darmon, C. (2006). Réactivité visuo-manuelle, contrôle du geste et expertise sensori-motrice : étude en IRM fonctionnelle évènementielle. Thèse. Université Joseph Fourier. Grenoble I.

Darwin, C. (1872). *The Expression of the Emotions in Man and Animals*, Londres, John Murray.

De Jorio, A. (2000). *Gesture in Naples and Gesture in Classical Antiquity*. Bloomington and Indianapolis: Indianapolis University Press. (1ère ed. 1832)

Dezecache,G., Bourgeois, A., Bazin, C., Sclenken, P., Chemla, E., Maille, A. (2019). Orangutans Comprehnsion of Zoo Keepers' Communicative Signals. *Animals* 2019,9,300.

Dietz, V. (2003). Spinal cord pattern generators for locomotion. *Clinical Neurophysiology,* 114, 1379-1389.

Duboule, D., Morata, G. (1991). Colinearity and functional hierarchy among genes of the homeotic complexes. *Trends Genet*., 10, 358-364.

Eibl-Eibesfeldt, I. (1975). *Ethology. The Biology of Behavior*. Holt, Rinehart and Winston.

Eldredge, N. (1987). *Life pulse*. Penguin Books.

Evans, W.H., Graham, J.M. (1989). *Membrane Structure and Function*. IRL Press, Oxford University Press.

Février, J. (1948). *Histoire de l'écriture*. Payot

Focillon, H. (1943). *La vie des formes*. PUF.

Gasc, J.P. (1963). Adaptation à la marche arboricole chez le Caméléon. *Arch. Anat. Hist. et Embryol.,* Strasbourg, 46 (1-4), 81-115.

Gasc, J.P. (1967). Squelette hyobranchial. Dans : *Traité de Zoologie, Mammifères*, P.P. Grassé (dir.). Tome 16, 1, 550-583.

Gasc, J.P. (1981). *La prodigieuse aventure de notre corps.* Hachette.

Gasc, J.P. (2004). *Histoire naturelle de la tête. Leçon d'Anatomie comparée*. Vuibert.

Gasc, J.P. (2020). De la forme à la fonction. Dans : *L'explosion des formes de vie.* G. Chapouthier, M.C. Maurel (dir.). ISTE éditions, London, 33-57.

Gontier, T. (2010). Descartes et les animaux-machines : une réhabilitation. Dans : *De l'animal-machine à l'âme des machines (XVIIe-XXIe)*, Jean-Luc Guichet (dir.). Editions de la Sorbonne.

Grillner, S. (2003). The motor infrastructure from ion channels to neuronal networks. *Nature Reviews Neuroscience,* 4, 573-586.

Groenen, M. (1988). Les représentations de mains négatives dans les grottes de Gargas et de Tibiran (Hautes-Pyrénées). Approche méthodologique. *Bulletin de la Société Royale Belge d'Anthropologie et de Préhistoire.*

Hellgren, J., Grillner, S., Lansner, A. (1992). Computer simulation of the segmental neural network generating locomotion in lamprey by using populations of network of interneurons. *Biological Cybernetics,* 68, 1-13.

Hendelman, W.J. (2000). *Atlas of functional Neuroanatomy*. CRC Press.

Hodgkin, A.L., Huxley, A.F. (1952). A quantitative description of membrane current and its application to conduction and excitation in nerve. *The Journal of Physiology,* 117 (4), 500-544.

Jacob, F. (1970). *La logique du vivant*. Gallimard.

Jacob, F. (1981). *Le jeu des possibles*. Fayard.

Jamon, M. (2011). Evolution and control of terrestrial locomotion. In : Bels V., Casinos A., Davenport J., Gasc J.P., Jamon M., Laurin M. and Renous S. (dir.). *How Vertebrates moved onto land.* Muséum national d'Histoire naturelle. Mémoires, 201, 171-183.

Jeannerod, M. (1983). *Le Cerveau-Machine*. Diderot éditeurs.

Kapandji, I.A. (1980). *Physiologie articulaire. Tome I. Membre supérieur*. Maloine S.A. éditeur.

Kruptkin, V.L. (2018). Human corporeality and techniques of writing in André Leroi-Gourhan's anthropology. (in russian) *Siberian Historical Research Journal*, 3, 32-47.

Kuznetsov, A.N. (1985). Comparative functional analysis of the fore and hind limbs in Mammals (in russian) *Zool. Zhurn.*, 64 (12), 1862-1867.

Latash, M.L., Zatsiovsky, V.M. (2016). *Biomechanics and Motor Control. Defining Central Concepts*. Academic Press, Elsevier.

Laurin, M. (2011). Limb origin and development. In : Bels V., Casinos A., Davenport J., Gasc J.P., Jamon M., Laurin M., Renous S. (Dir.). *How Vertebrates moved onto land.* Muséum national d'Histoire naturelle. Mémoires, 201, 75-89.

Le Douarin, N. (2000). *Des chimères, des clones et des gènes*. Odile Jacob.

Le Guyader, H. (1998). *Etienne Geoffroy Saint-Hilaire. Un naturaliste visionnaire*. Belin.

Leroi-Gourhan, A. (1943). *L'Homme et la Matière*. Albin Michel.

Leroi-Gourhan, A. (1945). *Milieu et Techniques*. Albin Michel.

Leroi-Gourhan, A. (1967). *Le geste et la parole*. Albin Michel.

Meguerditchian, A., Cochet, H., Wallez, C., Vauclair, J. (2013). Communication, latéralité et cerveau chez les primates humains et non humains : vers une origine gestuelle ou multimodale du langage ? *Revue de primatologie.* http://journals.openedition.org/primatologie/1717

Morris, D.J. (1978). *La clé des gestes*. Grasset.

Morris, D.J., Collett, P., Marsh, P., O'Shaughnessy, M. (1979). *Gestures, their origins and distribution*. Stein and Day.

McNeil, D. (1992). *Hand and Mind: What Gestures reveal about Thought.* Chicago University Press.

Napier, J.R. (1967). *A Handbook of Living Primates*. Academic Press.

Panyutina, A.A., Korzun, L.P., Kuznetsov, A.N. (2015). *Flight of Mammals: From terrestrial Limbs to Wings*. Springer.

Penfield, W., Boldray, E. (1937). Somatic motor and sensory representation. In : the cortical cerebral cortex of man as studied by electrical stimulation. *Brain*, 60, 389-443.

Penfield, W., Rasmussen, T. (1957). *The cerebral cortex of Man. A clinical study of Localization of function*. Mac Milan.

Prochazka, A., Yakorenko, S. (2002). Locomotor control: from spring-like reactions of muscles to neural prediction. In : *The somatosensory system: Deciphering the Brain's Body Image*, R. Nelson ed. CRC Press.

Raup, D. (1993). *De l'extinction des espèces*. Gallimard.

Renous, S., Gasc, J.P. (2011). Terrestrial locomotion of lower extant vertebrates. In : Bels V., Casinos A., Davenport J., Gasc J.P., Jamon M., Laurin M. and Renous S. (dir.). *How Vertebrates moved onto land.* Muséum national d'Histoire naturelle. Mémoires, 20, 129-170.

Rostain, S. (2016). *Amazonie. Un jardin sauvage ou une forêt domestiquée.* Actes Sud.

Schmitt, S. (2004). *Histoire d'une question anatomique : la répétition des parties*. Muséum National d'Histoire Naturelle, Archives.

Tellier, M., Guardiola, M., Bigi, B. (2011). Types de gestes et utilisation de l'espace gestuel dans une description spatial : Méthodologie de l'annotation. *Actes du premier défi geste langue des signes* DEGELS, Montpellier.

Wilson, C.M. (1961). Central nervous mechanisms for the generation of rythmic behavior in arthropods. *Symposium of the Society of experimental Biology*, 47, 133-151.

Zehr, E.P., Carroll, T.J., Chua, R., Collins, D.F., Frigon, A., Haridas, C., Hundza, S.F., Thomson, A.K. (2004). Possible contributions of CPG activity to the control of rhythmic human arm movement. *Can. J. Physiol. Pharmacol.*, 82, 556-568.